空間情報科学のパイオニア

―東京大学空間情報科学研究センターの研究 1998〜2003―

平成 16 年 4 月

財団法人　統計情報研究開発センター

本書の刊行にあたって

　本財団では、東京大学空間情報科学研究センター（センター長：岡部篤行東京大学工学部教授）と、地理情報と統計情報の利用に関する共同研究を行っている。本書は、この共同研究の成果を著したものであり、Sinfonica研究叢書においては3冊目となる。

　本書では、東京大学空間情報科学研究センターにおける全研究部門の研究成果がまとめられている。具体的には、人間の行動範囲に関する地理情報の取得から、グローバルな情報の表示・伝達まで、多岐にわたる空間スケールの情報に関する新しい技術を用いた研究成果がまとめられており、興味深い内容となっている。

　本書により、空間情報科学における最先端の研究成果の一端をうかがうことができる。また、統計情報やGISが、空間を媒介として我々の生活、社会を新たな側面から見つめ直すことを可能にし、より豊かな社会を実現するための手段となるということが理解されると思う。

　本書を執筆してくださった岡部篤行先生を始め、東京大学空間情報科学研究センターの先生方に対して、厚く御礼申し上げる次第である。

　本書が、時空間情報の研究・開発、統計情報やGISの利活用の促進に役立つことを願う次第である。

平成16年4月

　　　　　　　　　　　　　　　　　　　　（財）統計情報研究開発センター会長
　　　　　　　　　　　　　　　　　　　　　　　　金丸　三郎

目次

第1章　空間情報科学研究センターのフロンティア開発5年間
  1.1.　空間情報科学研究センターのフロンティア開発5年間 2

第2章　空間情報解析部門の研究成果
  2.1.　空間情報解析部門 8
  2.2.　空間情報解析と都市計画・環境 9
    2.2.1.　都市計画のためのツール 9
    2.2.2.　表示ツール 9
    2.2.3.　伝達ツール 10
    2.2.4.　分析ツール 12
    2.2.5.　手段ツール 18
    2.2.6.　計画単位ツール 20
    2.2.7.　規制ツール 21
    2.2.8.　都市計画ツールと空間情報科学 25
  2.3.　都市居住のグローバルな表現 27
    2.3.1.　アーバナイジング・ワールド 27
    2.3.2.　都市空間情報の取得とビジュアライズ 29
    2.3.3.　ポピュラスケイプ・プロジェクト 31
    2.3.4.　おしまいに 34
  2.4.　GISを用いた『日向』『日影』地名の立地の解析 42
    2.4.1.　はじめに 42
    2.4.2.　データと解析方法 43
    2.4.3.　関東・中部地方の『日向』『日影』地名の立地傾向 43
    2.4.4.　『日向』『日影』地名の特徴による関東・中部地方の地域区分 47
    2.4.5.　おわりに 54

第3章　ユビキタス社会におけるLBSのための基盤技術
  3.1.　ユビキタス社会におけるLBS 58
  3.2.　LBSを支える周辺技術 61
    3.2.1.　通信＋コンテンツ融合を補完するもの 61
    3.2.2.　周辺状況を得る技術 65
    3.2.3.　利用者自体の移動や動作を読み取る技術 70

3.2.4.	コンテクスト，利用者の行動パターンからニーズを読み取る技術	73
3.3.	LBSを支えるネットワーク	77
3.3.1.	アドホックネットワークとLBS	77
3.3.2.	位置情報のネットワーク制御への利用	77
3.3.3.	位置情報を用いたアドホックネットワークの制御	78
3.3.4.	モビリティモデルと位置予測	84
3.3.5.	アドホックネットワーク省電力化	85
3.3.6.	センサネットワークの省電力化	87
3.4.	空間コンテンツ融合	89
3.4.1.	現実空間とサイバー空間の隔離と融合	89
3.4.2.	映像を対象とした空間コンテンツ融合	91
3.4.3.	文書を対象とした空間コンテンツ融合	97
3.5.	まとめ	102

第4章　時空間社会経済システム部門の研究成果

4.1.	時空間社会経済システム部門	106
4.2.	容積率緩和の便益：一般均衡論的分析	108
4.2.1.	はじめに	108
4.2.2.	集積の利益を含む生産関数	109
4.2.3.	生産関数の測定	109
4.2.4.	容積率緩和の効果の一般均衡分析	110
4.2.5.	一般均衡モデル	111
4.2.6.	容積率緩和の効果の測定結果の測定結果	113
4.3.	ヘドニック型価格指数へのリッジ回帰推定量の適用	118
4.3.1.	イントロダクション	118
4.3.2.	既存のヘドニック価格指数	120
4.3.3.	多重共線性と新たなリッジ回帰推定量	124
4.3.4.	滑らかな接続に接続する指数	129
4.3.5.	今後の課題	135

執筆者一覧

岡部篤行 ：東京大学空間情報科学研究センター（全体編集，第 1 章）
浅見泰司 ：東京大学空間情報科学研究センター（2.1.節，2.2.節）
伊藤香織 ：東京大学空間情報科学研究センター（全体編集，2.3.節）
宮崎千尋 ：名古屋大学地球水循環研究センター（2.4.節）
柴崎亮介 ：東京大学空間情報科学研究センター（3.1.節，3.2.節，3.5.節）
瀬崎薫　 ：東京大学空間情報科学研究センター（3.3.節）
有川正俊 ：東京大学空間情報科学研究センター（3.4.節）
八田達夫 ：東京大学空間情報科学研究センター（4.1.節，4.2.節）
丸山祐造 ：東京大学空間情報科学研究センター（4.3.節）

第1章

空間情報科学研究センターのフロンティア開発5年間

1.1. 空間情報科学研究センターのフロンティア開発5年間

　東京大学空間情報センター（以下センター）が設立されたのは1998年4月9日のことである．設立以来，空間情報科学のフロンティア開発に努力を重ねてきた．この成果をふまえ，今後さらなる飛躍をするには，過去5年間余の研究成果を広く公開し，多くの方々のご批判を受けることが重要であると認識し，平成15年9月に東京大学山上会館でシンポジウムを開催した．本書は，その時の発表内容をもとに編纂した本である．シンポジウムでいただいたご批判，叱咤激励，さらにはこの本をお読みいただいた方のご批判を真摯に受けとめ，さらなるフロンティア開発を行ってゆく所存である．

　センターは次の3つの目標を掲げている．

　　　第1が，空間情報科学の創生，進化，普及．
　　　第2が，研究用空間データ基盤の整備．
　　　第3が，産官学，共同研究の推進．

これらの目標を達成すべく，組織的には3つの研究部門を設け，研究を進めてきた．その研究部門と，今まで研究部門に所属された教官を紹介しておこう．

　　　空間情報情報解析部門：
　　　　　浅見泰司，小口高，貞広幸雄，杉盛啓明，伊藤香織
　　　空間情報システム部門：
　　　　　池内克史，柴崎亮介，瀬崎薫，有川正俊，相良毅，生駒栄司，
　　　　　史中超，ハンマード・アミン
　　　時空間社会経済システム部門：
　　　　　金本良嗣，矢島美寛，八田達夫，城所幸弘，丸山祐造

　これら研究部門の教官による成果の一端は，二種類の報告書にまとめられている．

　　　『東京大学空間情報科学研究センター年報』1998, 1999, 2000, 2001, 2002
　　　『東京大学空間情報科学研究センター論文集』同上
　　　（なお，これらの報告書を読まれたい方は，センター事務局にお問い合わせいただきたい．）

　センターでは上記の研究部門に加えて，実質的には研究支援部門とでもいえるような部門をもっている．この部門の成果も研究部門の成果に勝るとも劣らない成果を上げているので，その一端を紹介しておこう．

空間情報科学の研究には空間データが欠かせない．センターでは多くのデータ制作者にご好意をいただいて，学術研究用に空間データをご提供いただいている．この5年間に整備した空間データの量は膨大で，そのデータ内容は，先に紹介した『東京大学空間情報科学研究センター年報』に記載されている．

　これらの空間データは，センターの所員が研究に使うだけでなく，センター外の方々にも研究開発には一定の手続きの上，利用をしていただいている．具体的には，まず，研究に必要になる空間データがセンターにあるかどうかをセンターのクリアリングハウスで確かめていただきたい（図1-1-1）．アドレスは，次のとおりである．

　　　　http://chouse.csis.u-tokyo.ac.jp/gcat/editQuery.do

　もし必要な空間データがあった場合は，センターとの共同研究としてその空間データを行う道が開かれている．共同研究の手続きについては，

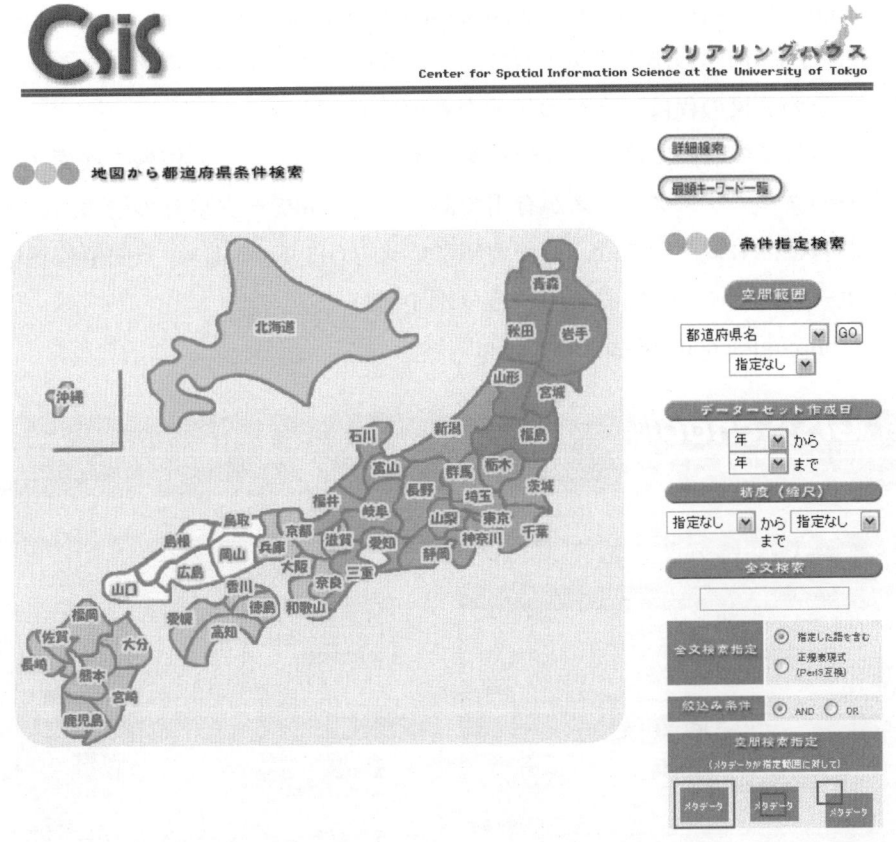

図1-1-1　クリアリングハウスホームページ

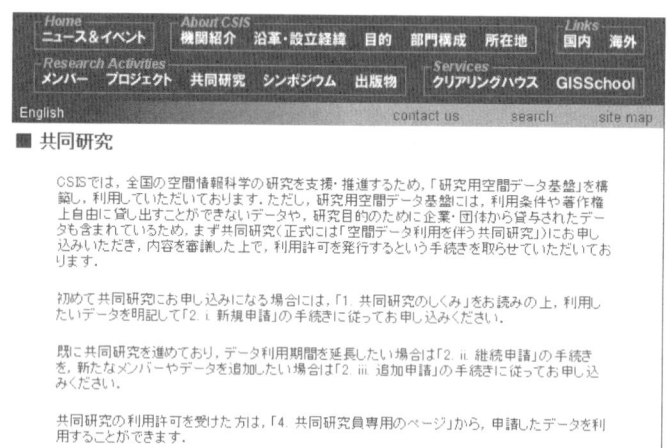

図 1-1-2　共同研究の説明のホームページ

　　　http://www.csis.u-tokyo.ac.jp/japanese/research_activities/joint-research.html
を訪れると，詳細がわかる（図 1-1-2）．この共同研究によって進められた研究は大変多く，その成果の程は，上記の年報を参照いただきたい．

　空間情報科学の研究には，空間データは不可欠であり，その情報を検索するにはセンターのクリアリングハウスが有用であるが，空間データ以外の情報も必要となることが多い．センターでは，その要望に応え「GIS School」が空間情報科学研究関連のポータルサイトを開設している（図 1-1-3）．

　　　http://gisschool.csis.u-tokyo.ac.jp/

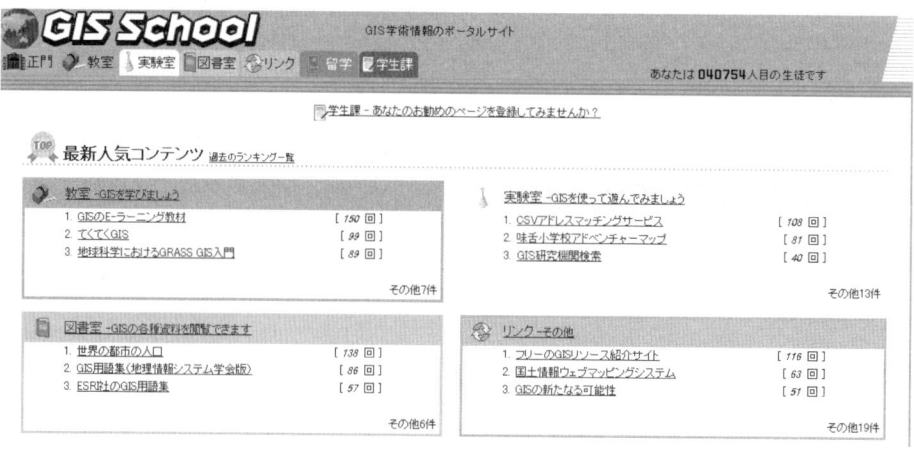

図 1-1-3　GIS School のホームページ

このサイトは学校のアナロジーで構成されており，以下の情報が提供されている．
　「教室」：GIS を学びましょう
　「実験室」：GIS を使って遊びましょう
　「図書室」：GIS の各種の資料を閲覧できます
　「リンク」：その他

コンテンツは利用頻度の高いものをアクセスしやすくなっており，これは利用者による一種の評価と考えることができる．

　日常世界では位置は住所で示されることが多い．たとえば，統計的データなどでは位置を住所で示したデータが多い．このデータを空間データとして利用するには，緯度経度に変換する必要がある．そのシステムがアドレスマッチングである．センターでは

　　　　　http://spat.csis.u-tokyo.ac.jp/cgi-bin/geocode.cgi

でオンラインによるアドレスマッチングのサービスを行っている（図 1-1-4）．このシステムは相良氏の主導により開発されたシステムで，いわゆるいい加減な住所でも適宜緯度経度に変換してくれるという優れものである．

　空間情報科学研究センターは，研究機関であり，教育機関ではない．しかし，教育についても積極的な取り組みをしている．その成果の一端が，GIS 初心者向けの「てくてく GIS」サイトである（図 1-1-5）．

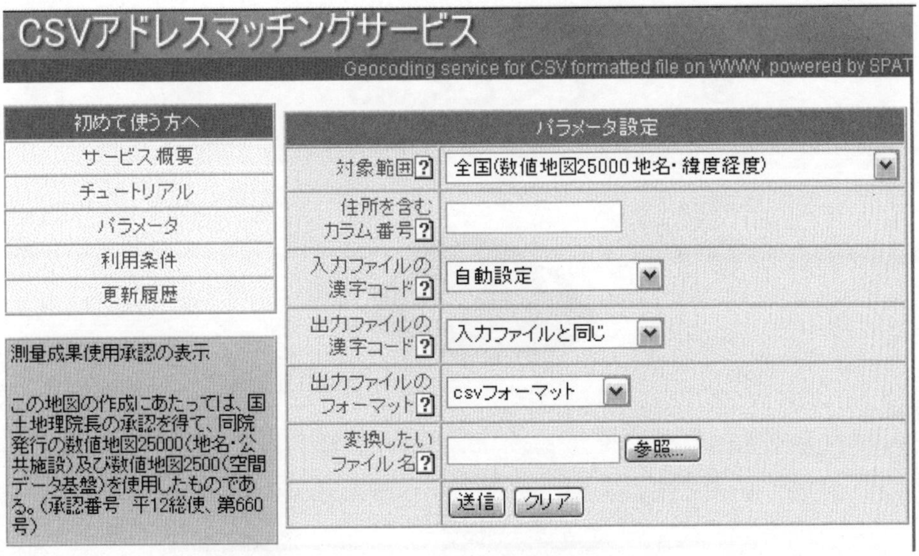

図 1-1-4　CSV アドレスマッチングサービスのホームページ

http://home.csis.u-tokyo.ac.jp/~akuri/

このサイトは，高橋昭子氏が主導で開発したサイトで，いままでに多くの方々に利用されている．内容としては，以下のようなものが提供されている．

ここで学ぶ： GIS 講習会資料，GIS とは？，てくてく ArcView など，私の書いた資料を一挙公開！

参加する： 一人で悩んでも始まらない！けーじ板で情報交換しよう！

てくてく日記： ここの管理人っていったいなに考えてるの？

そとで学ぶ： いわゆるリンク集．データ，ソフト，すごいサイトなど，盛りだくさん

WhoamI?： 管理人はこんな人

更新情報： いつ，どのページが更新されたかここでチェック！

Sitemap： どんなページがどこにあるのか一目瞭然！

大変，きめ細かく親切なサイトとして，今や全国的に有名なサイトである．

以上，センターの研究支援成果の一端を紹介してきたが，センター全体の成果については，センターのホームページ

http://www.csis.u-tokyo.ac.jp/japanese/

において逐次公開しているので，参照いただきたい．

さて次章からは，最初に述べた研究部門ごとの成果を紹介することにしよう．

図 1-1-5　てくてく GIS のホームページ

第 2 章

空間情報解析部門の研究成果

2.1. 空間情報解析部門

　本章では空間情報解析研究部門の研究成果について紹介する．この部門は浅見泰司，小口高，伊藤香織，宮崎千尋，田中耕市，河端瑞貴の6名が所属している（2003年9月現在）．それぞれの専門は，浅見教授が都市計画，小口助教授が自然地理，伊藤助手が建築，宮崎研究員は自然地理，田中研究員は人文地理，そして河端研究員は都市計画という布陣となっている．

　一般的に空間情報科学とは，空間データ・空間情報の構築，管理，分析，総合化，そしてその結果を伝達する一連の操作，およびその技術を使って様々な分野での応用化にかかわる学問領域である．空間情報解析研究部門では，このうち分析，総合化，応用化の部分を主に研究している（図 2-1-1 参照）．

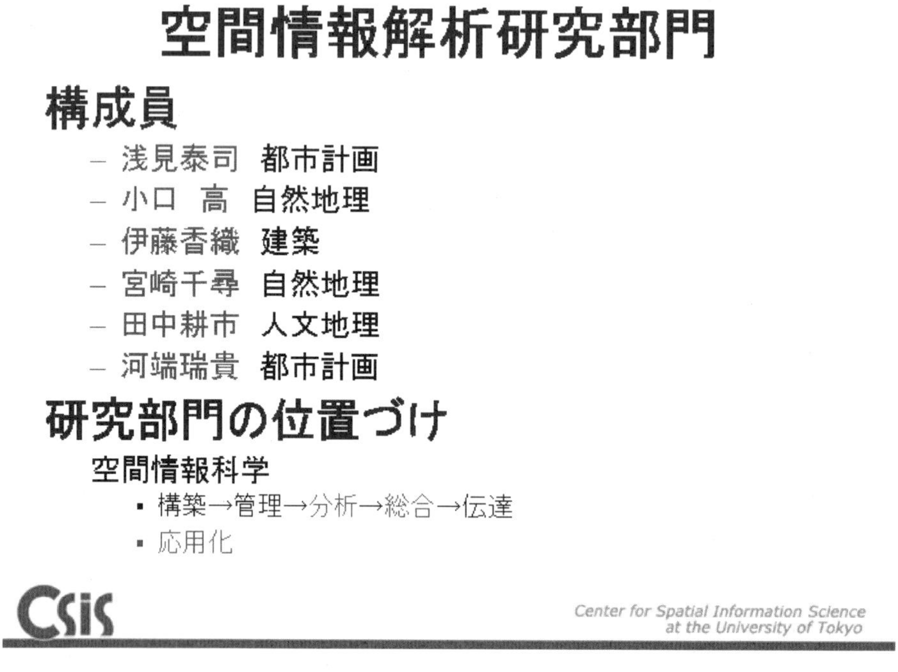

図 2-1-1　空間情報解析研究部門の位置づけ

2.2. 空間情報解析と都市計画・環境

2.2.1. 都市計画のためのツール

　都市環境を規定する要因は多様であり，かつそれらが相互に影響を及ぼしあっている．しかも，それらの多くが，空間を媒介にして作用している．このような複雑な現象を対象にして分析するためには，試行錯誤的な操作が不可欠であり，このような意味で空間情報解析という技術はツールとしての相性が良く，都市空間は絶好の研究対象を提供してくれる．

　都市環境を分析するには，空間データおよび解析ツールが必要となる．東京大学空間情報科学研究センターでは，首都圏を中心として空間データを精力的に収集している．一般の空間データは必ずしも GIS レディ（GIS にすぐに取り込める書式）とはなっていないが，センターでは多くの空間データを GIS レディに変換しており，GIS ソフトの一つである ArcView にすぐに取り込めるようにしている．

　さらに，空間解析ツールも収集して GIS を用いた分析ができるようにしようという計画もある．空間データそして解析ツールがそろえば，あとは分析のアイデアだけあれば良い．そのような理想的な研究基盤環境に近づけていけると良いと考えている．

　筆者が都市計画に関連して行っている研究プロジェクトは，街区や敷地の形状解析手法の開発，空間データマイニング手法の開発，持続可能性を高めるための都市と農村の連携手法の研究などである．ただここでは，個々の研究プロジェクトを単に個別に紹介するのではなく，都市計画のためのツールの発展をテーマにしながら，既発表の研究成果等も含めて紹介したい．

2.2.2. 表示ツール

　都市計画とは，都市環境を制御する一つの主要な社会技術である．ところが最近，都市計画も内容がかなり変化してきている．これは一つには，様々な情報技術の発展に促され，情報技術を都市計画の様々な過程に取り込んだ結果としての変化がある．また，社会経済情勢の変化がめまぐるしく，今までとは異なったことが都市計画に対して社会から求められるようになってきた．このため，様々なツールの発展

があった．

　都市計画と GIS というと，まずは都市の様々な地物の現象や規制内容を二次元的に表示するということがある．表示ツールは GIS と非常に相性が良く，これについてまずふれてみたい．

　都市計画には都市計画図書というものがある．これは，主としては都市計画の趣旨や内容を文章で記述したり，あるいは二次元の図面で規制内容や事業区域を表示したものである．周知のように，現在では CAD や GIS などの描画・表示支援ツールが開発されて，利用されてきている．そのため，都市情報のデジタル化も進み，都市計画立案部局では，その情報を用いて都市計画図書を作成するようになってきた．都市計画においては，まだバーチャルリアリティなどの技術は研究面を除けばほとんど利用されていないが，今後は住民参加などの場面で利用されていく可能性がある．

　現在はまだ主として二次元の一時点的な空間情報を表示するに過ぎない．しかし，都市計画は建築物の立体的な形状もコントロールの対象としており，また，近年では高さに応じて土地利用規制を変えるなど立体用途規制も現れてきている．そのため，三次元的な空間情報の表示は必須となってきている．さらに，暫定的用途や容積率を決めて，後に別な規制内容に変えるなど，時間的な経過に従って都市計画規制を変えるというようなダイナミックな都市計画も立案されるようになってきた．そのため，時間軸を含めて四次元的な空間情報を表示することも求められている．

　今後，三次元的な情報や時間軸を含めた四次元的な情報の簡便な表示を都市計画に関わる技術者が開発していかねばならない．近年，都市計画の分野では，住民参加ということが盛んにいわれている．ただ，一般の方が都市計画図書を見ても都市計画制限の内容などを簡単に理解することは難しい．その場合には，わかりやすく三次元的に表示することで理解が急速に進むことが期待できる．そのような都市計画の内容をわかりやすく表示する技術は，今後の重要な課題であると思われる．

2.2.3. 伝達ツール

　もう一つの主要なツールとしては，伝達ツールがある．従来は，行政で都市計画を決めてそれを行政区域内に周知するというトップダウンの形が主流であった．このため，都市計画は文書で一方的に通達されていたといえる．しかし，最近ではパブリック・インボルブメント（市民参加）の必要性が強くいわれるようになり，電

子媒体を用いて，双方向に情報伝達ができるようになってきている．すなわち，ウェブなどを通して都市計画に関わる案を行政が提示し，それに対して意見を提出し，それに応えて案を修正することをくり返すというような形での対応が増えてきているのである．情報技術の進展によって，そのような比較的簡易な双方向伝達が可能になったといえる．このことは，都市計画における市民参加としてきわめて意義がある．

　ただ，双方向の情報伝達による参加が可能になったといっても，課題がないわけではない．膨大な意見の提出がなされた時には，行政内部でそれらにすべて対応できる体制が完備しているわけではない．そのため，提出された意見がすべて有効に活用されるとは限らない．また，意見対応を完全にするためには，かなりの行政コストがかかることになり，昨今の自治体の財政状況でははなはだ難しいといわざるをえない．

　また，デジタル・ディバイドなどといわれるが，電子媒体を用いることのできない情報弱者に対してどのように対処するかが問題となっている．たとえば，都市計画に関わる案がウェブで公開されているとしても，ウェブにアクセスできない人にとっては何のメリットもない．むしろ，公開・意見聴取の手続きが終わったのでということで，知らない間に世の中が進んでしまうということにもなりかねない．そのため，このような周知情報に関する意思決定に関して，民主的な手続きをどのようにとれば良いのか，このことが，別の分野でもそうだが，都市計画でも決まっていない．

　また，このような公開情報に対して，後で気づくということもある．たとえば，公開していつまでに意見を述べよといっても，公開の事実に気づかなければ，知らない間に期日を過ぎてしまう．時間を戻すことはできないために，決定自体は進んでしまうということになってしまう．昨今の膨大な情報が生み出されている状況では，自分にとって何が重要で何が重要でないかの選別さえ，手間がかかる状況である．時間の方向性の克服は難しいが，少なくとも当人に大きな利害関係のある情報は自動的に周知されたり，アラートが出されるなどの社会情報システムの構築が必要である．たとえば，都市計画分野であれば，居住地の周辺における建築計画がある場合には，単に周知看板を立てるだけでなく，内容も含めて通知されるような仕組みがあれば，近隣調整も円滑に進む可能性があり，検討されるべきであろう．このような，公開情報に関する取り扱いについても，都市計画と空間情報科学分野に関わって今後の発展分野となるだろう．

2.2.4. 分析ツール

　都市計画における分析ツールも重要である．従来，都市計画では主として都市計画基礎調査を行って，都市計画に必要な情報の収集を行ってきた．そのため，分析ツールとしては，都市調査の集計やそのデータの単純統計分析，あるいはデータ検索などが主な用途であった．しかし，上でも述べたように，都市計画ではすでに，三次元，四次元の空間データを処理する必要性が生じており，そのための分析ツールの充実が必要となっている．

　たとえば，GIS ではバッファリングといって，ある空間オブジェクトから等距離以内の領域を求める操作が標準的についている．この操作はきわめて基礎的な操作として空間分析でも多用されているが，現実の現象を扱う上では，どの方向にも等距離以内に同じ影響が及ぶとは限らない．そのため，方向性を加味した分析が必要となる．これは，2 次元でなく，高さ方向も含めた 3 次元でも同じである．そのような方向選択性のある事象（たとえば，卓越風のある状況下での火災延焼モデルなど）を容易に分析するには，三次元空間データの充実とそのための簡便な空間解析ツールが必要となる．現在でも，そのような分析ができないわけではないが，多くの空間データがまだ二次元的であるため，三次元データの構築には手間がかかり，また，確率的に方向選択性のあるモデルのためには，特別のプログラムを組まねばならない．

　都市計画図では線をひいて規制などの境界線を表している．ところが，その境界線自体が曖昧であることもあり，場合によって曖昧であることが重要であったりもする．敷地の境界線をとってみても，新たに計画開発されて分譲された所はまだしも，昔から市街化していたところでは，地籍測量が遅々として進んでいない．そのため，だいたいの境界線はあるが，正確な境界線は引けないということも多い．同様なことは，自治体同士の境界線においても，起きている．

　そのような曖昧情報をどのように表現するのか，そしてどのように分析に取り込むのかについては，未だ GIS としてもあまり発達していない分野である．そのため，精度情報・曖昧情報を組み込んだ空間解析や GIS 機能が充実する必要がある．さらにこのような機能を発展していけば，計画概念というような意味的にも曖昧な空間情報の取り扱いも可能になってくるかもしれない．

　都市計画のためのモデリングもこれからの分野といって良いだろう．本来は，都市現象を予測して，それに基づいて現状の課題を把握し，はじめて適切な都市計画

を立案することができるはずである．実際，そのために，交通計画や防災計画などいくつかの分野ではある程度のシミュレーションモデルは開発されてきている．しかし，多くの分野では必ずしも予測モデルは精度が高くなく，また，過去には，事業計画を進めるための言い訳的な形で予測モデルが使われてしまった苦い経験もある．そのため，より精度の高いモデルを構築するために，空間情報を有効に使ったモデル自体の最適化というようなことが重要になると思われる．

その際に，単に従来型のモデルをより細かな空間単位のデータを用いてキャリブレーションするだけでなく，新たに空間関係も推論していくようなモデルも開発されていく必要がある．たとえば，人々が求めている空間的なつながり方は何なのかを考えることは，創発的都市計画においては重要となろう．また，歴史的な都市構造を再現して，新たな都市の魅力を再現したいという場合には，空間情報が不完全な中で，空間オブジェクトの位置やつながり方を推定していかねばならない．

都市計画とはやや離れるが，図2-2-1は，筆者らの研究で，歴史的な文章から，旅行者がたどった経路を推論した結果である．旅行記の記述をもとに，諸施設の空間関係を表わす表現を取りだし，最も整合的な経路を推定したのである．これも適合度を最大化するという意味で，一つの最適化モデルの一種だと考えることができる．このような空間的推論も含めたモデルが今後都市計画分野でも必要になると思われる．

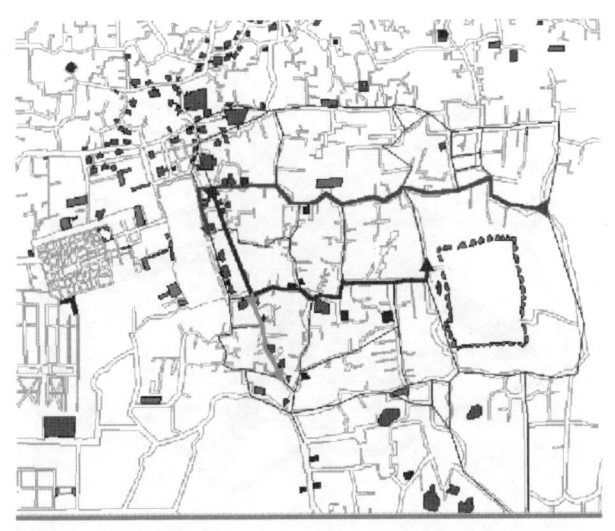

図 2-2-1　経路推定結果 [浅見・木村・羽田・深見 2002]

不動産鑑定の分野では,「地位(ぢぐらい)」という言葉がある.これは,駅からの距離などでは測れない,地区の総合的な価値の高さを表す.いわば地区のブランド性とでもいうことができる.「地位」の高い土地での不動産開発事業は,成功する確率が高いことが知られており,そのような情報のデータベースは不動産業にとっては,きわめて重要な空間情報となっている.そのような「地位」を自動的に分析できれば,とても重要な分析ツールとなりうる.

図 2-2-2 は,われわれが行った「地位」に関連する研究である.アイデア自体は非常に簡単である.通常,マンションなどの名称を決めるとき,なるべくイメージが良く,より入居者が集まりそうな名前を選ぼうとする.そのため,ブランド性の高い地名は,本来の行政的な区域を越えて使われることになる.図 2-2-2 は目黒区の「自由が丘」の例で,実際にかなり広範な地区で自由が丘の名称を建物に使っていることがわかる.自由が丘という名称を建物に使えば,自由が丘のファッショナブルなイメージを建物付近の地区にもあるかのように宣伝できる.建物名称は端的な宣伝媒体となっているのだ.

世田谷区とその周辺の地区名を対象に分析した結果が表 2-2-1 である.自由が丘,田園調布,成城…というように,タウン誌でも取り上げられるような,有名な地名が並んでいる.このように,建物名だけのデータを用いても,「地位」をある程度推定ができる.ただし,地名のブランド性が高いことと住環境が良いことが一致す

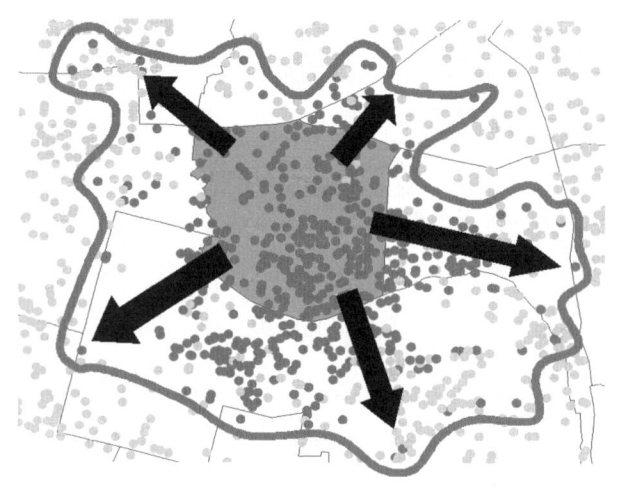

図 2-2-2　目黒区自由が丘(灰色)と自由が丘地名のついた建物(濃い点)の分布[浅見・近藤 2001]

表 2-2-1　建物名から見た地区名の順位 [浅見・近藤 2001]

1	自由が丘	11	駒沢	21	祖師谷	31	南烏山	41	八雲	51	大原	61	新町
2	田園調布	12	世田谷	22	喜多見	32	桜丘	42	平町	52	東が丘	62	玉堤
3	成城	13	八幡山	23	羽根木	33	下馬	43	代沢	53	上馬	63	緑が丘
4	大岡山	14	上野毛	24	北沢	34	千歳台	44	弦巻	54	上祖師谷	64	玉川台
5	玉川	15	柿の木坂	25	大蔵	35	赤堤	45	給田	55	上用賀	65	鎌田
6	経堂	16	梅丘	26	砧	36	三宿	46	深沢	56	船橋	66	奥沢
7	用賀	17	桜上水	27	松原	37	池尻	47	北烏山	57	宇奈根	67	宮坂
8	尾山台	18	上北沢	28	桜	38	岡本	48	若林	58	中根	68	野毛
9	桜新町	19	駒沢公園	29	等々力	39	瀬田	49	粕谷	59	東玉川	69	中町
10	三軒茶屋	20	豪徳寺	30	砧公園	40	野沢	50	代田	60	太子堂	70	玉川田園調布

るわけではないことに，注意する必要がある．

　土地利用の予測というのは，都市計画ではかなり基礎的な技術として捉えられている．古くはローリーモデルという，人口推定数をもとに，土地利用推定を行うモデルがあり，使われたことがある．最近でも土地利用遷移確率を工夫して，土地利用の推定を行おうという研究上の試みがみられる．ただ，地域的なまとまりの中での土地利用比率であれば，ある程度の精度でわかるものの，即地的な土地利用遷移現象を予想するのは容易ではない．たとえば，ある敷地の建物利用の10年後を予想することを考えてみると，相続が発生するかもしれない，経済状況が変わるかもしれない，制度環境が変わるかもしれない，災害が発生するかもしれない…と，様々な予想しにくい要因がからんできて，ある程度以上の精度で予測することは難しいことがわかる．それでは，土地利用は即地的にはどの程度まで推定できるのだろうか．

　伊藤（現，新潟大学）らが行った研究でその点がわかる．図 2-2-3 は，その分析

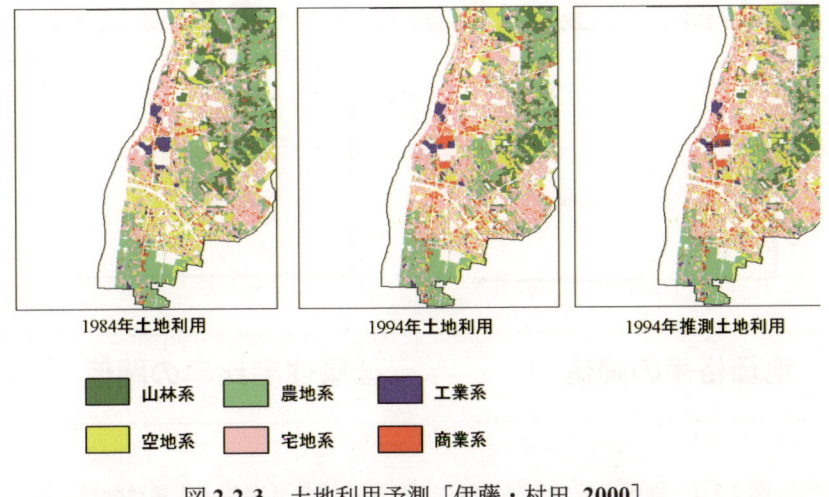

図 2-2-3　土地利用予測 [伊藤・村田 2000]

結果である．ここでは，それぞれの小さなサンプリングポイントにおける土地利用カテゴリの10年度の変化をニューラルネットワークを用いて推計したものである．その土地に関する様々な条件などを加味した結果として，ほぼ全体の遷移の4分の3程度が推定できることが判明した．恐らく，即地的な土地利用遷移の推定という点では，このくらいの精度が限界ではないかと思われる．

　図2-2-4は，これとやや似た研究だが，地価，当該土地利用，周辺の土地利用の量などに応じて，土地利用の遷移確率が変わるのではないかということで，その閾値を調べた研究である．この図では，都心部において商業的地価と住居的地価の地価格差が正になると中高層的な土地利用に遷移しやすくなること，周辺の低層住宅比率が多くなると遷移傾向が下がってくることなどがわかる．このような知見も土地利用遷移傾向を把握するには，重要である．

　さらに都市計画に役立つ分析ツールについて考えてみると，計画支援システムの開発も望まれる．従来は，図面作成やデータベース分析がまさに計画支援システムだったわけだが，現在ではこのような機能は当たり前になってしまった．これからは，さらにその上の機能が望まれている．

　都市計画では様々な価値概念のバランスをとって計画を策定せざるをえないが，その意味では，経済活性，文化性の継承などという計画上の概念関係を整理するというような支援ツールも有用かもしれない．すでに知識工学の分野で，概念の関係を自動的に整理して表示するというような思考支援ツールが開発されており，これ

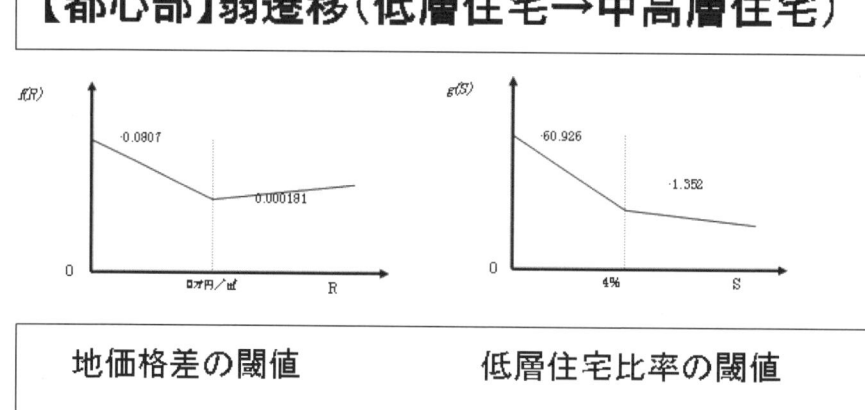

図2-2-4　地価格差および低層住宅比率の閾値［宇都・浅見 2001］

を拡張していけば，計画概念関係を整理する支援ツールも構築することが可能である．

また，都市計画では様々な部門別基本計画があり，総合的な都市の計画としての統一性がうすらいできていることがよく指摘されている．そのため，部門別計画を総合的都市計画の中で位置づけるために，個別計画をオブジェクト単位（ないし，オブジェクト単位群）として，その間の関係を推論し，位置づけてくれるような少しメタ的な概念関係の整序も望まれる．そのような計画支援ツールも今後は開発できるようになるのではないかと期待している．

最近は住民参加が導入されるようになり，今まで以上に意思決定が重要となってきている．従来は，会合を開いて意思統一をはかったり，上位計画・機関で計画が決められてそれが義務として地元に通達されるなどということが多かった．しかし，最近では，分散的に多数決原理を広く利用した意思決定も広がる兆しをみせている．上でも述べたように都市基本計画の策定において，ウェブなどを通して意見聴取をすることは一般化してきているし，再開発や区分所有の建物・団地における意思決定も多数決原理を採用する方向で制度改正がなされてきている．今後も，この方向

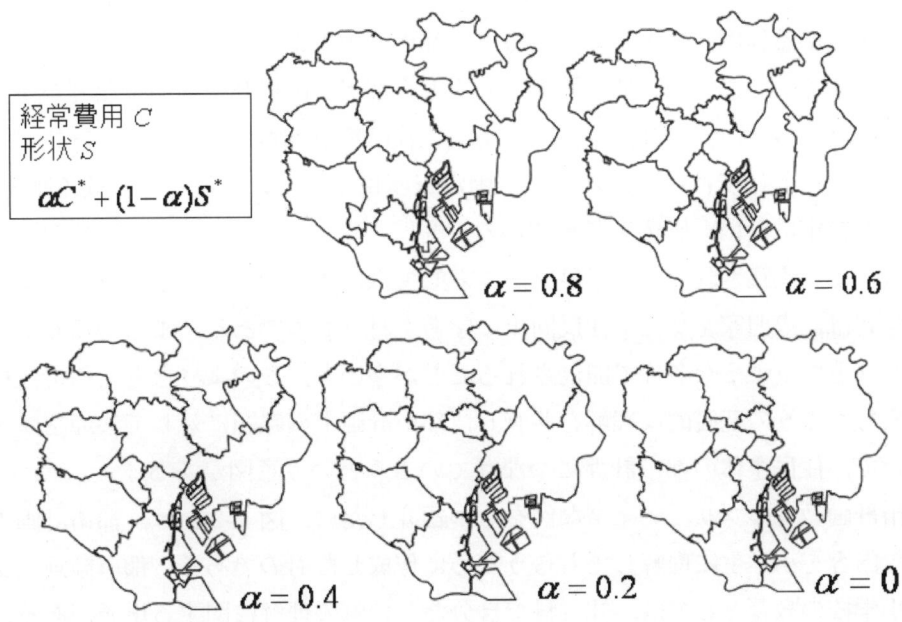

図 2-2-5　東京 23 区の最適な区割り［小林・中野・浅見 2002］

性が強化されていくと思われるが，そのための手続きの明確化，論理性の重視などという点がより重要になっていくだろう．

特に論理性という面では，正しい情報の共有が重要であり，また，正しい情報を分析して作り出す計画支援ツールの発展が不可欠である．計画支援ツールの例として，筆者らが行った研究を紹介したい．図 2-2-5 は，東京 23 区の最適な合区案の分析例である．23 区の行政上の経常費用をなるべく少なくし，さらにそれぞれの区の形状がおかしくならないように，合区するにはどうすれば良いかを求めたものである．形状費用を C，区の形状の良さを S として，両者を標準化した後に重みを変えて最適化している．α はその重みで，α が大きいほど経常費用を重視していることになる．形状については，区の間の規模格差は考えていないので，比較的形状はまとまっているものの，面積はかなりまちまちとなっている．α を若干大きくすると，経常費用予測には地区面積もきいてくるので，ある程度面積がそろった区の分割となっている．このようなシミュレーションができれば，合区というような行政界を変える議論も行いやすくなり，計画支援ツールの一つになりうると思われる．

2.2.5. 手段ツール

ツールもある程度抽象化して考えると，都市計画の手段としてのツールも考えることができる．今までは，都市計画というと，都市計画規制や補助金などが主要な手段ツールだった．都市計画税はあるが，これは都市計画の手段としては特にツール化しているわけではない．ただし，固定資産税やローン減税などの減免制度は，ある程度都市計画にも影響を与えている．

最近，よく実践されている手段ツールとしては，まちづくり学習がある．まちづくり学習は，専門家を交えて住民同士の学習を行うものである．まちづくりワークショップというような名称で開催されることが多いが，このようなところで住民同士がまちづくりの基礎的な理解を共有し，都市計画上の課題に対して共通認識をもつことで，住民主体の都市計画につなげていこうという意図がある．

都市計画教育のプリミティブな例を一つ紹介したい．図 2-2-6 は，都市計画の基礎的な内容を小学生に理解してもらうために作成したものである．都市計画にかかわる小学校の教育としては，社会科で自分たちの町の理解に関する単元がある．そこでは，身の回りに何があり，どのように機能しているかを理解していくことを目的としており，たとえば，自分たちの町を調べてまとめた地図を作製するというよ

うな作業を課すことを想定している．たしかに，都市計画の第一歩は自分たちの町の理解であり，その限りで間違ってはいない．

　しかし，都市計画では，一つの理想なり価値を求めていくと，他の価値がないがしろにされかねず，このような計画におけるトレードオフの存在の理解がきわめて重要である．そして，計画という行為は様々な価値のバランスをうまくとって，妥協の上に成り立っているのである．このような多目的性とその中でのバランスをとるという計画行為自体を理解させるには，単に身の回りの町を観察して理解するだけでは不十分である．そこで，土地利用配置ゲームを作り，このようなゲームで小学生が実際に計画におけるトレードオフの関係を理解できるかどうかを実験してみた．その結果，このようなゲームでも小学生は土地利用配置における多目的性やトレードオフの存在を理解し，また，試行錯誤によって，より社会的に最適な土地利用配置にしていくための戦略を学ぶことができていたことが判明した．この例では小学生の教育を念頭においているが，現実のデータを用いて詳細に都市をシミュレーションするような教育ツールができれば，大学教育や社会人教育にも十分に有効となる可能性を秘めている．

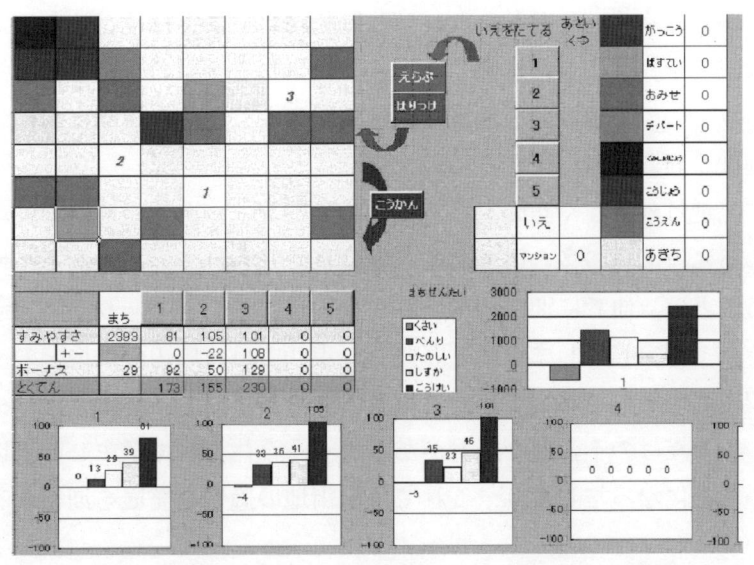

図 2-2-6　都市計画教育ツールの例［飛岡・浅見 2001］

2.2.6. 計画単位ツール

　都市計画では，今までは，敷地単位で規制をしてきた．建築確認においては，敷地においてどのような建築行為を行うかを審査し，都市計画規制に適合していれば建築行為が許可される．これは，開発単位が敷地ごとであり，開発ごとに審査しなければならない事情があり，規制技術としては自然な発想である．

　しかし，最近では敷地群，街区，地区といったより集合的な計画単位での土地利用コントロールが必要ではないかといわれてきた．それは，敷地単位ではある程度のルールを守ったとしても，その結果として形成される市街地の質が必ずしも高くなっていないためであり，敷地単位での許可・不許可という体系では空間的な外部経済効果をうまくコントロールできていないところに原因がある．この状況を改善するには，一つの敷地での開発行為も，敷地群・街区・地区における位置づけや影響を加味して規制・審査される体系に移行しなければならない．このためには，環境影響評価を迅速・的確に行う技術に加えて，そのような広い計画単位における相互理解も重要となる．

　所有単位でない空間単位で計画行為を遂行するには，何らかの工夫が必要となる．一つは，所有単位を空間単位に合わせてしまう方法である．たとえば，現在，所有権を有する敷地の権利を街区や地区の中の区分所有的な権利であるように変えてしまう方法がありうる．ただし，これは強制的に行うことは現行法制下における権利体系の大改変を行うことを意味し，現状では当事者全員の合意を経てしか実現しえない．もう一つの方法は，小地区における合意を公法的な規制に転化するような都市計画制度を新設することである．

　一般に，土地は外部性や空間的な連続性の制約などがあるため，単純な経済原理を当てはめるには問題の多い財であることは良く知られている．ある土地を占有して利用することは，他者に別の利用を許さないということであり，隣接する土地との関係をそれで固定してしまうこととなる．現状では，周辺の敷地との土地交換が社会的に望ましいものであっても，当事者の一人が反対してしまえば，それは達成されない．一人だけの不合理な反対があっても，全体として望ましい土地利用は達成されないことになってしまう．これでは市街地の適切な発展を期待することが難しくなる．

　そこで，これを防ぐため，適切な補償措置を内在させつつ，大多数の賛同する土地利用のルールの決定が可能となる社会システムを構築していかねばならない．小

地区での土地利用ルールという，収用権の発動が認められるよりも弱い意味での公共性であっても，地区内の多数の賛同および正当な手続きと補償を前提として，小地区での合意事項を条例などに転化する規定が認められても良い．そのような，多数の合意（たとえば，8割ルール）による推進の道を開くことが，やや閉塞感のある都市再生を活性化する鍵ともなりうる［浅見 2001］．

2.2.7. 規制ツール

現在では，都市計画規制の典型的なパターンは，対象地点を一つのパターンに分類し，分類ごとに許容用途や形態制限など外形的な規制が決まっている．ところが，現在議論されているのは性能規制という全く新たな規制の方法である．

都市計画規制は，その内容は明確でありながら，その根拠は必ずしも明確でないことが指摘されている．特定の規制が何のためにあるのか明示されていないのである．そのため，都市計画規制が適切であるかどうかは，決定手続きが適切であったのかどうかという手続き的な正当性でしか判断できない現状にある．しかし，本来は，都市計画の内容自体が適切であるかどうかを判断できるようにしなければならない．そのためには，個々の都市計画規制の根拠が明記される必要がある．

現在，建築基準法には建物の構造など建物それぞれにかかる規定（単体規定）と，特定の地域の建物全体に同じように集団的にかかる規定（集団規定）とがある．集団規定とは具体的には用途地域や用途地区に付随してかかる用途規制や容積率，建蔽率，斜線規制，高さ規制，日影規制などである．これらは，建物の形態を規制しているが，必ずしもこれらの中には何を意図して規定しているかが必ずしも明確ではないものも少なくない．おそらくこの中で最も規制意図が明確なのは日影規制だろう．これは，隣地の1階の床面や2階の床面に冬至でもある程度の日射があるようにという規定である．これは，逆にいえば，隣地の日射がある程度確保できれば，様々な建物形態でもかまわないことを示している．同様に他の規制についても根拠を明確にして，何を規定しようとしているのかがわかれば，何を守るべきで，何は緩和しても良いかがわかる．そのような規制は，建物の利用や形態による性能（隣地に対する性能など）を明確にすることに他ならない．そのようなものを性能規定と呼んでいる．このように，性能規定化は建築制限の根拠の明確化，空間性能を変えないような緩和の可能性を促進するために，現在注目されている．

性能規定化はすべての規制項目にわたってやるのは実際には難しいだろうと思

われる．というのは，現在の規制は多義的であるため，性能規定化すると規定の種類が増える可能性が高く，かえって煩雑でわかりにくいものになってしまう可能性が高いからである．しかし，部分的には導入が可能であろうし，性能規定化を真剣に検討するだけでも都市計画規制の根拠が明らかになり，都市計画の規制内容自体の妥当性を判断しやすくなる良い契機となるだろう［浅見 2001］．

　最近，都市計画の規制の概念自体にも変化が生じている．今までは主として予防的な規制であり，最小限の守るべき規制として，建築基準法などの規制があった．たとえば土地利用上の対立が生じないように，ゾーニングで地域の用途を定めている．しかし，現在模索されているのは，相互調整が可能なシステムへの変革である．

　表 2-2-2 は東京都世田谷区の小田急線沿線（都心へのターミナル駅は新宿駅）の戸建住宅地における住宅価格に関する分析例である．この分析によって，ミクロな住環境要素も住宅価格に大きな影響を与えていることが判明した．たとえば，敷地面積 100m^2 の戸建住宅では，最寄り駅までの徒歩分数が 1 分増えると約 157 万円減額に，また最寄り駅から新宿駅までの乗車分数が 1 分増えると約 168 万円減額にそれぞれなることを示している．また，冬至日照時間が 1 時間減ると約 95 万円の減額，周辺の建物に老朽建物があると約 575 万円の減額，周辺に十分な植樹があると 335 万円の増額となることを示している．後者の 3 つに関しては，周辺の敷地と連携して開発を行うことで改善できる項目であり，外部経済性がいかに大きいかをよく示している．

　また，このようなミクロな住環境要素に対する価値を客観的に求めることができると，どのような開発は地域にとって望ましいのかを判断することも可能となる．たとえば，図 2-2-7 の四角で囲った場所で，南側の敷地が細分化されてミニ開発が行われたとする．このような場合にどのような影響があるかを計算してみると，ミニ開発が行われた敷地の総資産額は増加する．従って，土地所有者にとってみれば，ミニ開発する方が合理的となる．

　ところが，北側の敷地の日照時間が大きく減少するため，その資産価値も大きく減少し，南側での資産額増加分以上の資産額減となってしまう［浅見・高 2002］．すなわち，この街区全体として見たときには，このミニ開発は全体の資産価値を減少させる開発行為となっているのである．従って，都市計画的な観点からは，このような開発行為を抑えるような社会制度を構築していくことが必要になってくる．

　そのための第一歩として，個々の開発行為が地域全体に対して，どのような影響をもたらしているのかを，貨幣単位で明示できれば，近隣における話し合いにおい

表 2-2-2　住宅価格のヘドニック分析結果 [浅見・高 2002]

住環境要素	ヘドニック価格
延床面積 (m^2)	127.56　千円／m^2
最寄り鉄道駅までの所要時間 (分)	-15.71*S 千円／分
前面道路幅員 (m)	20.85*S 千円／m
残存建物寿命 (年)	568.62　千円／年
美観地区内 (Y/N)	-172.60*S 千円
最寄り鉄道駅から新宿駅までの所要時間 (分)	-16.84*S 千円／分
敷地の間口 (m)	5.80*S 千円／m
前面道路舗装状態良好 (Y/N)	42.00*S 千円
駐車スペース有り (Y/N)	38.17*S 千円
近隣建物質良質 (Y/N)	57.48*S 千円
冬至日照時間 (時間)	947.61　千円／時
公共緑地隣接 (Y/N)	195.56*(109.7-S)千円
近隣土地利用混合大 (Y/N)	238.41*(S-73.3)千円
近隣植樹量大 (Y/N)	33.51*S 千円
(S は敷地面積 (m))	

て，重要な情報とすることができる．そして，このような情報をもとに，適切な開発のあり方のイメージを地域で共有したり，実際の開発に際しての利害調整を行うことも可能となる．

　実際，隣地と同じ開発形態に対して，新たな開発がどの程度の外部不経済性をもたらすかを求め，それを開発者にチャージできる仕組みを導入すれば，上のような開発は，当該敷地にとっても不利となり，地域全体としての資産価値減少を防ぐことができる．逆に，より外部経済性をもたらすのであれば，それを地域全体の税収の中から還付されるような仕組みを導入すれば，より地域全体にとって良い開発を誘導することが可能となる．都市計画では，このような規制と経済的調整システムを交えた新たなツールが必要になってきている．

24

(単位：m)

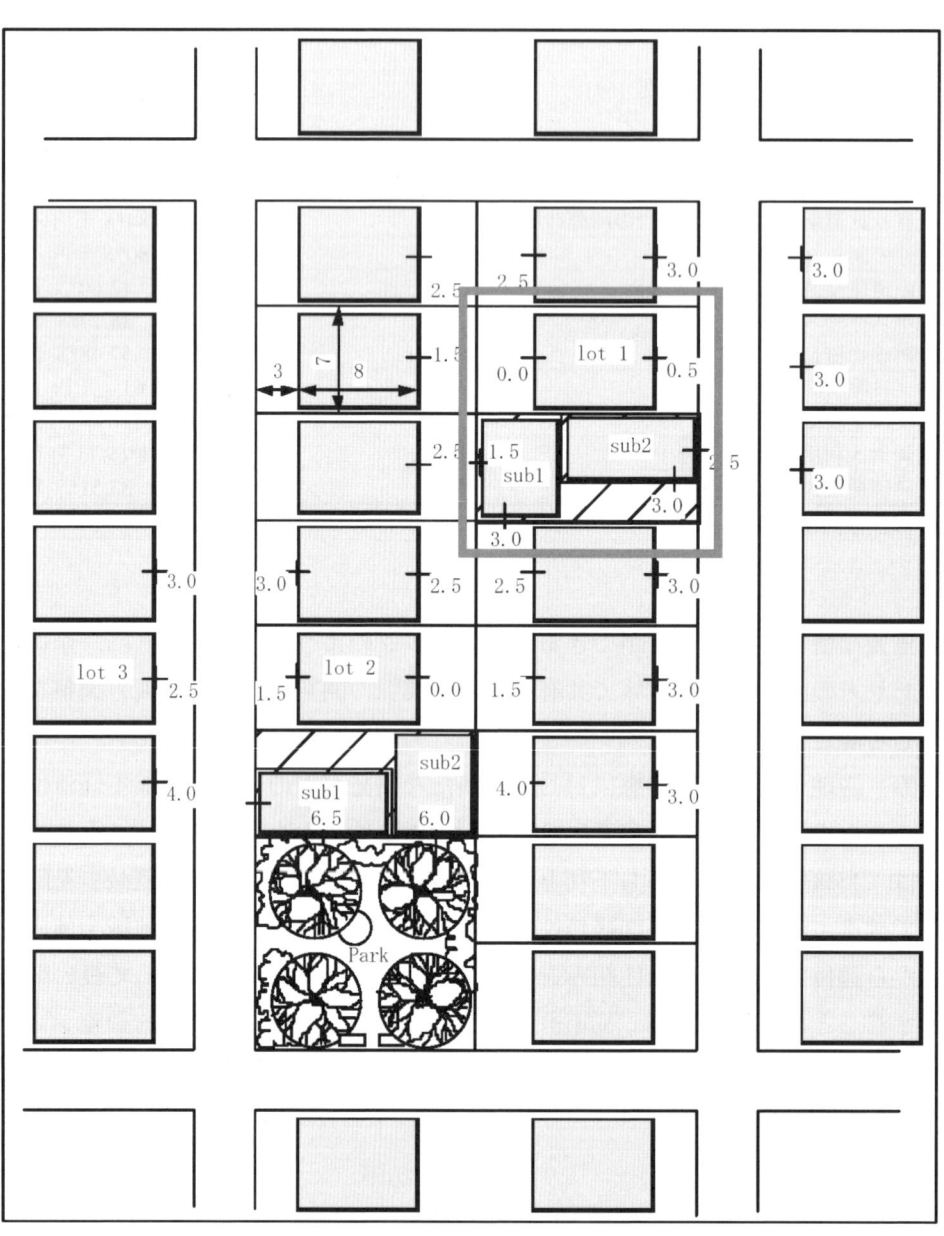

図 2-2-7　敷地細分化の影響［浅見・高 2002］

2.2.8. 都市計画ツールと空間情報科学

以上，都市計画における様々なツールの発展に関連させて，われわれの研究成果を紹介してきた．日本の都市計画は 1968 年に新たな都市計画法が制定されて以来，用途地域の細分化や諸類型の地区計画が導入はされたが，基本的な構造は変えていない．しかし，昨今の都市再生ブームに乗って，様々な試みがなされ，また提案されるようになり，都市計画体系の構造的な合理化が必須となってきている．土地利用の合理的な形態を考えるとき，その基礎になる都市情報を的確に把握し，分析し，提示する空間情報科学の基礎技術は今後精緻化する都市計画になくてはならないものになりつつある．本稿で将来展望として述べた様々なツールの開発は，都市計画分野と空間情報科学分野の融合があってこそ効率的に進めることができると思われる．

参考文献

浅見泰司 (2001)，「都市計画から見た「都市再生」のポイント」，『季刊未来経営』, 3, 40-45.

浅見泰司・高暁路 (2002)，「都市計画と不動産市場：住宅価格を左右する住環境」，西村清彦（編）『不動産市場の経済分析：情報・税制・都市計画と地価』, 129-150, 日本経済新聞社.

浅見泰司・木村隆紀・羽田正・深見奈緒子 (2002)，「空間推論を用いた歴史的旅行記における経路と建物位置の推定」，『地理情報システム学会講演論文集』, 11, 369-372.

浅見泰司・近藤英心 (2001)，「建物名称に含まれる地名の分布による地区ブランド力の分析」，『地理情報システム学会講演論文集』, 10, 39-43.

伊藤史子・村田亜紀子 (2000)，「千葉県流山市南西部における土地利用変化ＮＮモデルの構築：細密数値情報を用いた変化要因分析」，『日本都市計画学会学術研究論文集』, 35, 1129-1134.

宇都正哲・浅見泰司 (2001)，「地価や周辺地域の状況が土地利用遷移に与える影響に関する研究：東京 23 区を対象として」，『都市住宅学』, 33, 101-110.

小林庸至・中野英夫・浅見泰司 (2002)，「都市部における行政区域の再編に関する研究：東京 23 区部を対象として」，『地理情報システム学会講演論文集』, 11, 195-198.

飛岡美弥・浅見泰司（2001），「児童の都市計画教育ツールの開発とその効果」，『地理情報システム学会講演論文集』，10，255-258．

2.3. 都市居住のグローバルな表現

2.3.1. アーバナイジング・ワールド

われわれは，急速に都市化し，グローバル化する世界に住んでいる．

この世界において，様々な問題に対して新たな姿勢で臨む必要があることは，近年しばしば指摘されているところである．複雑に相互連関する世界では，局所的な出来事が空間的時間的に連鎖反応して不測の影響を生じる．そのため，空間的に限られたモデルや細分化された学問領域のみでは，事象の振る舞いを捉えることができない，という指摘である [福井 2003 など]．様々なスケールで空間に結びつく諸事象を扱い統合する空間情報科学は，そのような新たな課題に強力な手段を与える学問の一つであると考えられている．

空間情報科学に基づく地球規模の取り組みとしては，たとえば，1998年にアル・ゴア米副大統領（当時）によって提唱されたデジタルアース構想が挙げられる．世界中から自然や文化に関する膨大な情報を集めてコンピュータ上に構築される仮想的な地球．デジタルアースを通じて専門家や市民が情報を共有しコミュニケーションをはかることが期待された．その後の米国政権交代によって国家レベルでのデジタルアースプロジェクトの進捗は鈍ったものの，その考え方は世界中に草の根的に広がっている．

デジタルアースのような概念の緩やかな浸透の背景には，技術の発展と地球上のリスクに対する危機感があると思われる．前者については，まず人工衛星や GPS といった各種センサ技術の発展が挙げられる．これによって収集可能となった膨大かつ詳細なデータに呼応してデータハンドリングの方法論も向上する．同時にコンピュータの処理能力とネットワーク性能の飛躍的な向上が，国家レベルから市民や初等教育まで様々なレベルで空間データへのアクセスを可能にしている．

一方，後者の地球上のリスクに対する姿勢は，1992年にブラジルのリオ・デ・ジャネイロで開催された国連環境開発会議（＝United Nations Conference on Environment and Development，以下，地球サミット）以来，サイステイナビリティという言葉に集約しつつある．2002年には，南アフリカのヨハネスブルクで国連の持続可能な開発に関する世界首脳会議（＝World Summit on Sustainable Development，以下，ヨハネスブルク・サミット）が開催され，地球サミットで採択された行動計

画の検証と今後の課題の検討がなされた．この 10 年を経て，サステイナビリティへの意識は，広く浸透しつつあるようにみえる．先進国においては主に環境問題への意識向上として，開発途上国においては日々直面する貧困，衛生といった問題に対する実践論として．

実際，ヨハネスブルク・サミットでは，サステイナブル・ディベロップメントの具体的内容として，経済発展，社会成長，環境保護が挙げられた．これらの中で特に環境保護の側面においては，空間情報科学的手法で地球規模のデータが扱われる場面が多い．主な理由の一つとして，前述したセンサ等の技術による自然地理的データの収集のしやすさが挙げられよう．

環境保護に比べると，経済発展と社会成長の側面では，地球規模のデータによる空間分析や計画へのフィードバックがやや遅れているといわざるをえない．グローバリゼーションの表出ともいえる地球上の諸都市の類似と差異そして都市間の連携について，広いデータに基づいて語られることは未だ多くはない．しかし，人間の行為の反照としての環境問題以上に，データに基づく分析が具体的計画にフィードバックされうるのが都市という対象ではないだろうか．なぜなら，都市は人間の行為そのものであるから．

端的な表れとして，ヨハネスブルク・サミットでは主要な取り組むべき課題の一つとして「サステイナブル・アーバニゼーション」が挙げられた．国連人間居住センター（United Nations Human Settlements Programme，UN-HABITAT，以下，国連ハビタット）によって提出されたサステイナブル・アーバニゼーションの概念は，それまで「都市化する世界における持続可能な人間居住開発」等と説明されていた意味内容に対して，都市という現実に開発＝操作の焦点が絞られたものである．

「1950 年には全世界の三分の二の人々が農村に住んでいた．2050 年までには全世界の三分の二の人々が都市で暮らすことになる．今現在は全人口の半数である 30 億人の人々が都市に住んでいる．1950 年に 1000 万人以上の人口を抱えた都市は，ただ一つニューヨークだけであったが，その規模の都市が現在 20 存在し，その数はさらに増えつつある．そして，同規模に膨らみつつある都市のほとんどは開発途上国にあるのだ．」国連ハビタットのアンナ・カジュムル・ティバイジュカ事務局長がそう説明する[1]ように，世界の全人口と都市人口の増加は，図 2-3-1 のグラフのような曲線を描く．そして現在，開発途上国の都市人口は毎日 175,000 人ずつ増加しているという [UN-HABITAT 2003]．人口規模で例えるならば，開発途上国に毎日新しい鎌倉市が一つずつ生まれているような状況である．建設やインフラの敷設や

雇用はそのスピードに遠く追いつかず，都市はますます貧困に喘ぐ．

　交信し交通し合う多数の都市から成る世界では，開発途上国の直面するこの問題は，全世界的な問題となる．地球上の離れた場所にある都市のあり方が，別の都市の具体的な政策や物理的なプランニングに影響を与えうるだろう．地球全体を眺める視野と，個々の敷地のポテンシャルを見定めるような視点を行き来しながら成されるべきが現代の都市計画であり，都市マネージメントであるといえるのではないだろうか．

　このように，地球上に散らばる都市群の地域的差異は，環境問題と同様に専門家から子供たちまで様々なレベルで認識されるべき課題であるといえる．

2.3.2. 都市空間情報の取得とビジュアライズ

　一般に，空間情報科学（あるいは地理情報科学）とは，空間（地理）情報を「系

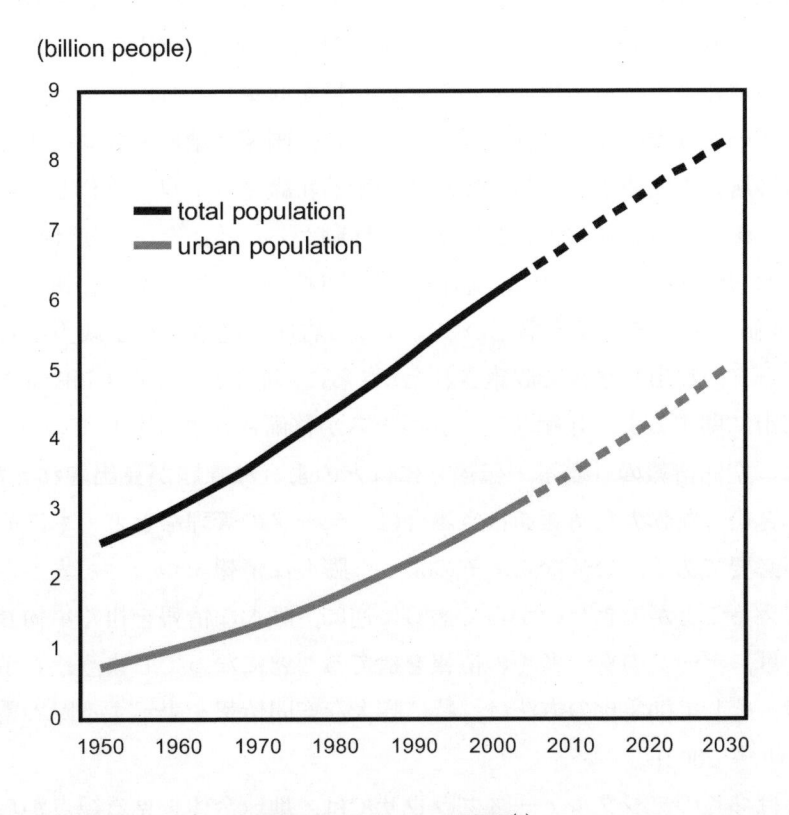

図 2-3-1 世界人口の変遷[2]

統的に取得・構築→管理→分析→総合→表示・伝達する方法，および方法論を研究する学問である」［野上ほか 2001］といわれる．都市や居住に対象を絞って空間情報を扱う際の課題の中で，ここでは特に「取得・構築」と「表示・伝達」の部分について考えてみたい．

前述したように，自然地理的データと異なり，都市や居住に関するデータは，各種センサで一括して得られない部分が大きいため，世界中で一様に詳細な情報を得ることは困難である．詳しいセンサスが行われていない国は数多く存在する．各国が独自のセンサスを実施して詳細な情報を集めている場合でも，得られた情報が指標として正規化されなければ，比較することができない．そのため，都市居住に関するデータは，多くの場合国家単位で集計されている．

しかし，現在，国家レベルだけではなく都市レベルのデータベースを整備しようとする動きがみられる．その代表的な例に国連ハビタットの取り組みが挙げられる．国連ハビタットでは，世界中の住居の普及，都市行政の向上，スラムの縮小，生活環境の改善などに関する様々なプログラムが実施されており，その中の一つに，Global Urban Observatory & Statistics（以下，GUO）がある．GUO は，都市地域の状態に関する情報やそれらを評価するための指標を収集し，政府・自治体の政策策定に役立てていこうというプログラムである．市，国家，地域の各レベルで段階的に都市地域の居住や関連する情報を得て集約する組織ネットワーク作りと，収集した情報のデータベース作成および公開という活動からなる．たとえば 1993 年と 1998 年の Global Urban Indicators では，居住タイプ（持家，借家，不法占拠，ホームレスなど），地価，インフラ普及率というような，居住や経済，都市政策などに関する多様なデータが都市レベルで収集された．さらに，現在進行中の CitiBase では，1000 以上の都市に関するより詳細なデータベースが整備されようとしている．

つぎに，空間情報の「表示・伝達」にはどのような課題が見出されるだろうか．地球全体といった膨大な情報を扱う場合は，データの管理などとともにその表示にも工夫が必要である．なぜなら，そのような膨大な情報一つ一つが表示されたとしても，捉えることができないからである．逆に，膨大な情報を粗く集約して表示するだけでは，データのもつ多くの情報を捨てることになってしまう．表示のスケールと精度，そして抽象化の方法は，特に膨大な空間情報を表示する際の重要な課題である［伊藤 2002］．

たとえば多くのデジタルアースブラウザでは，地球全体を見る視点から街を見る視点まで，多様なスケールの表示をスムースに行き来する技術が形を見せ始めてい

る．この表示技術によって，子供たちにも「わが町」が「地球」の上にあるということが伝達されうる．つまり，グローバルな問題は自分自身にも関係のある身近な問題であるという意識の醸成が期待される．

さらに，次のような論述 [イーフー・トゥアン 1992] も空間情報の表示・伝達のもつ本質を表しているといえよう．

> 知覚される物体の大きさは文化によって大きく変わるが，それにもかかわらず，それは一定の範囲に収まる．あまりに小さかったり，あまりに大きかったりするものは，日常生活においてわれわれの視界に入ってこないのだ．（中略）心は，抽象的な実在物として，天文学的な広がりを計算できる．しかしながら，われわれは百万キロメートルの距離を，いやたとえ千キロメートルでさえ，想像することはできないのだ．広い合衆国をどんなに頻繁に横断したとしても，心の目では，それを一つの形，たとえば小縮尺の地図に表された形以上の何かとして見ることは不可能なのである．

この叙述に照らすと，都市居住に関する空間情報を表示することの意義は，決して一望できない膨大な数の人間の生きている様子を「心の目」で見ることを可能にすることにあるといえよう．地球上の 63 億の人々，あるいは都市域の 30 億の人々がどのように住まっているか，それは当然直接「知覚」することはできず，抽象的な実在としての表現を通してその像を得るしかない．さらに，地球スケールとわが町スケールを行き来するデジタルアースブラウザのように，全体の把握を可能にしつつも，単なる抽象的な全体ではなく部分や個々が想起される表現が求められる．地球上に横たわるひずみを捉えながら，一人一人の住民に思いを馳せることのできるような，抽象化の中にも喚起力のある表現によって都市化する世界の現状は伝達されうるのではないだろうか．

2.3.3. ポピュラスケイプ・プロジェクト

ポピュラスケイプ・プロジェクトは，世界の都市居住の状態を伝達するための表現のプラットフォームである．ポピュラスケイプとは，「populous（人口の多い）」と「-scape（風景）」を組み合わせた造語である．このプロジェクトは，地球を都市風景のアナロジーで表現することによって，データを抽象化しつつも，多数の生活

が地球上で営まれていることを伝達しようとするものである．ポピュラスケイプでは，10万人都市が1階建ての人口ビルとして表される．20万人なら2階建て，100万人なら10階建て，1000万人なら100階建てのビルになる．本書では，「ポピュラスケイプⅡ」というプロジェクトを紹介する[3]．夜間飛行しながら世界を見渡す約6分半のムービーであるポピュラスケイプⅡを追いながら，世界都市風景を見ていこう（図2-3-2）．

低密な北米大陸

一般にGISで用いられるのは二次元の「地図」であるが（01），この地図の中に入り込むような視点で，地球を見ていきたいと思う（02, 03, 04）．まず，北米大陸上を通過する（05, 06）．北米大陸は密度が低く，都市間距離が長い．大都市は東西海岸の一部に集中し，内陸の居住形態はほとんど都市を成してはいない．

国ごとに分布が異なる西欧

大西洋を渡って，ヨーロッパ大陸に近づく（07）．英国および西ヨーロッパでは国ごとに居住の分布に個性がある．政策によって都市をコントロールしていこうとする指向の表れといえるだろう．英国の都市は，大都市を中心にして都市圏を形成しながら集積する（08, 09）．このフライトで，ロンドン，バーミンガム，マンチェスターの3大都市圏が形成されていることがわかる．一方フランスは，ほぼパリへの一極集中といって良い（09, 10）．大都市パリの足元に小都市が集中している．フランス国内のそれ以外の地域は非常に密度が低く，少数の小都市が散在する．ドイツでは，ベルリンなど北部の大都市が孤立しているのに対して，ケルン・デュッセルドルフ近辺は，中規模都市が極度に集中している地域である（11, 12）．

小都市分散の東欧

中央ヨーロッパから東ヨーロッパに入っていくと，小都市が一定の間隔をもって分散している様が見て取れる（13, 14, 15）．同じヨーロッパでも，英国のような都市圏を形成する分布やフランスのような一極集中とは異なる風景を見せる．

大都市をもつ中東

黒海を通り過ぎると，中東が見えてくる．古くから都市文化が発達した中東では，ヨーロッパ以上に大きな都市が多く，テヘラン，バグダッド，アンカラなどの巨大都市も存在する（16, 17, 18）．

膨大な人口を抱えるインド

中東の巨大都市の向こうに見え始めるのが，膨大な人口を抱えるインドである（18, 19, 20, 24）．インドの都市分布は，ここまで見てきたどの地域の風景とも

異なる．巨大都市が林立し，多数の都市同士が密着する．都市の密着の度合いが強いのは，アジアに特徴的な人口都市風景である．

南アジアにおける各種指標の表示

　ポピュラスケイプ・プロジェクトの表現のプラットフォームとしての可能性を探るために，この上にいくつかの指標を載せていく．青色で表されているのは，住宅に対する上水道の整備率である（21）．GUOによって整備・公開されているデータのうち，1998年の Global Urban Indicators が用いられている．安全な水の確保は開発途上国における重要な課題の一つである．この指標の表示によって，デリーやダッカでは上水道整備率が低いことがわかる．つぎに緑色で示されるのが，住宅に対する下水道の整備率である（22）．上水道整備率が低い都市は下水道整備率も低い傾向があるが，下水道整備率はより低く，特にダッカでは非常に低い割合となっている．赤色で示されるのは，住宅に対する電気の整備率である（23）．電気は上下水道に比べて比較的整備率が高い．

　つぎに，多色のグラフで表されるのが，居住形態構成のデータである（25）．ここでは，下から順に緑色が持家に住んでいる人口の割合，青色が賃貸居住，黄色が不法占拠，赤色がその他すなわち多くはホームレス人口と思われる．

　つぎに，人口増加のデータが示される．本書では，国連による予測分も含めて，1985年，1995年，2005年，2015年の各都市の人口規模を表示する（26，27，28，29）．2.3.1項で急激な人口増加について触れたが，インドなどの南アジアでは特に急激な都市人口増加をみせており，都市の貧困の加速が懸念される．また，今回のポピュラスケイプIIでは表示されていないアフリカでも，今後の急増が予想される．

　ポピュラスケイプ・プロジェクト上でのさらなる表現の可能性を探る．ナコンパトムは，タイのバンコクから車で1時間ほどの郊外にある人口12万人の小都市である．ポピュラスケイプで最小単位の1階建て人口ビルとして表される「都市」に実際に10万余人がどのように居住しているかをより具体的に表現するために，ナコンパトムの実映像を挿入している（30，31，32）．

東アジアと全体が都市化する日本

　ベトナムを経て，急速に世界の大国へと成長しつつある中国が見えてくる．東アジアでは，大きな都市の狭間に小都市が多く存在するが，東ヨーロッパと異なるのは，その密着の度合いである（33，34，35）．このフライトの最終通過地である日本は，これまで通過してきたどの地域にも増して都市の密着の度合いが高く，東海道全体が一つの巨大な都市といえるほど，全体が都市化している（36，37，38）．

このように直観的なわかりやすさをもったビジュアライゼーションを追求することよって，世界にどれだけの人間がどのように居住しているかのイメージがより心に描かれやすくなるのではないだろうか．ポピュラスケイプ II は，都市化し，グローバル化する世界に住む一人であることを，イメージによって伝達する試みである．

2.3.4. おしまいに

ポピュラスケイプ II の作成を通して，大きく 2 つの課題が挙げられる．それぞれ，前述した情報の「取得」と「視覚化・伝達」に対応する．ポピュラスケイプ II には，各都市の人口やインフラ整備率，居住形態，人口増加率などのデータが載せられた．今回はごく一部の都市についての限定的な指標であったが，今後，国連ハビタットの GUO など，人間の暮らし方に対する高解像度のデータ整備が進行することを期待したい．その際に，データ集計基準の統一についても課題が生じる．都市人口といっても，都市圏で取るのか行政区域で取るのかによって見え方が違ってくる．日本のように多くの都市が密着しているエリアにおいては，たとえば東京 23 区で取るのか，東京都全域で取るのか，東京都市圏で取るのかによって大きく異なる．ポピュラスケイプで用いられたデータは基本的に行政区単位で取られているものの，国によって事情が異なるために統一は容易ではない．今後より詳細なデータを取得していくに際して，データや指標の集計基準を作ることも課題に挙げられよう．

もう一つの大きな課題として，表現・伝達の問題がある．世界の都市居住について表現するために，どのようなデータをポピュラスケイプ・プロジェクトの上に載せていくべきか，そしてそれぞれのデータに対して，どのような表現が相応しいのかを探究することが今後の重要な課題である．

最後に，定期航空便の飛行操縦士でもあった作家のサン＝テグジュペリの言葉を紹介する [サン＝テグジュペリ 1939]．

> 定期航空の道具，飛行機が，人間を昔からのあらゆる未解決問題の解決に参加させる結果になる．
> ぼくは，アルゼンチンにおける自分の最初の夜間飛行の晩の景観を，いま目のあたりに見る心地がする．それは，星かげのように，平野のそここに，ともしびばかりが輝く暗夜だった．

あのともしびの一つ一つは，見わたすかぎり一面の闇の大海原の中にも，
　　なお人間の心という奇蹟が存在することを示していた．（中略）
　　　試みなければならないのは，山野のあいだに，ぽつりぽつりと光ってい
　　るあのともしびたちと，こころを通じあうことだ．

　彼は 1930 年代という時代にあって，飛行機という特殊な視点をもっていたために，長い距離を飛び世界の大地の上を往来しながら，その一つ一つのともしびの下で暮らしている人たちのことまで思いを馳せるに至った．翻ってグローバル化した現代世界で，通信や移動も飛躍的に向上した分，世界のあちこちで生活している人々のことに考えが至るようになっただろうか．必ずしもそのようには思われない．何か新しい「道具」が必要なのだとしたら，空間情報科学は世界の「ともしびたちと，心を通じあう」ための道具になりえはしないだろうか．サン=テグジュペリが飛行機という道具をもっていたように，空間情報科学という道具が，世界の都市やそこで営まれる生活について豊かにイメージさせる力となり，専門家から初等教育まで様々なレベルで思索を巡らす手がかりとなれば良いと思う．

註

(1) 2002 年 4 月にナイロビで開催された第 1 回ワールド・アーバン・フォーラムの開会セッションにおけるスピーチ．(http://hq.unhabitat.org/uf/ed.html)
(2) 国連人口部の推計 [United Nations 2003] より，筆者が作成．
(3) 人口と位置は，ワールド・ガゼッティアのデータを用いる．The World Gazetteer (http://www.world-gazetteer.com)．その他の指標は GUO のデータを用いる．

参考文献

イーフー・トゥアン (1992)，「トポフィリア：人間と環境」，小野有五・阿部一訳，せりか書房．

伊藤香織 (2002)，「時空間を特徴づける領域分割の最適化に関する研究」，日本建築学会計画系論文集, no.556, pp.341-348.

サン=テグジュペリ (1939)，「人間の土地」，堀口大学訳，第一書房．

野上道男・岡部篤行・貞広幸雄・隈元崇・西川治 (2001)，「地理情報学入門」，東京大学出版会．

福井弘道 (2003)，「デジタルアースからデジタルアジアへ」，GISNEXT, no.4, pp.21-23.

United Nations Center for Human Settlements (HABITAT) (1996), 「An Urbanizing World: Global Report on Human Settlements, 1996」, Oxford University Press.

United Nations Center for Human Settlements (HABITAT) (2002), 「Cities in a Globalizing World: Global Report on Human Settlements 2001」, Earthscan Publications.

United Nations Department of Economic and Social Affairs Population Division (2003), 「World Urbanization Prospects: The 2001 revision」, United Nations.

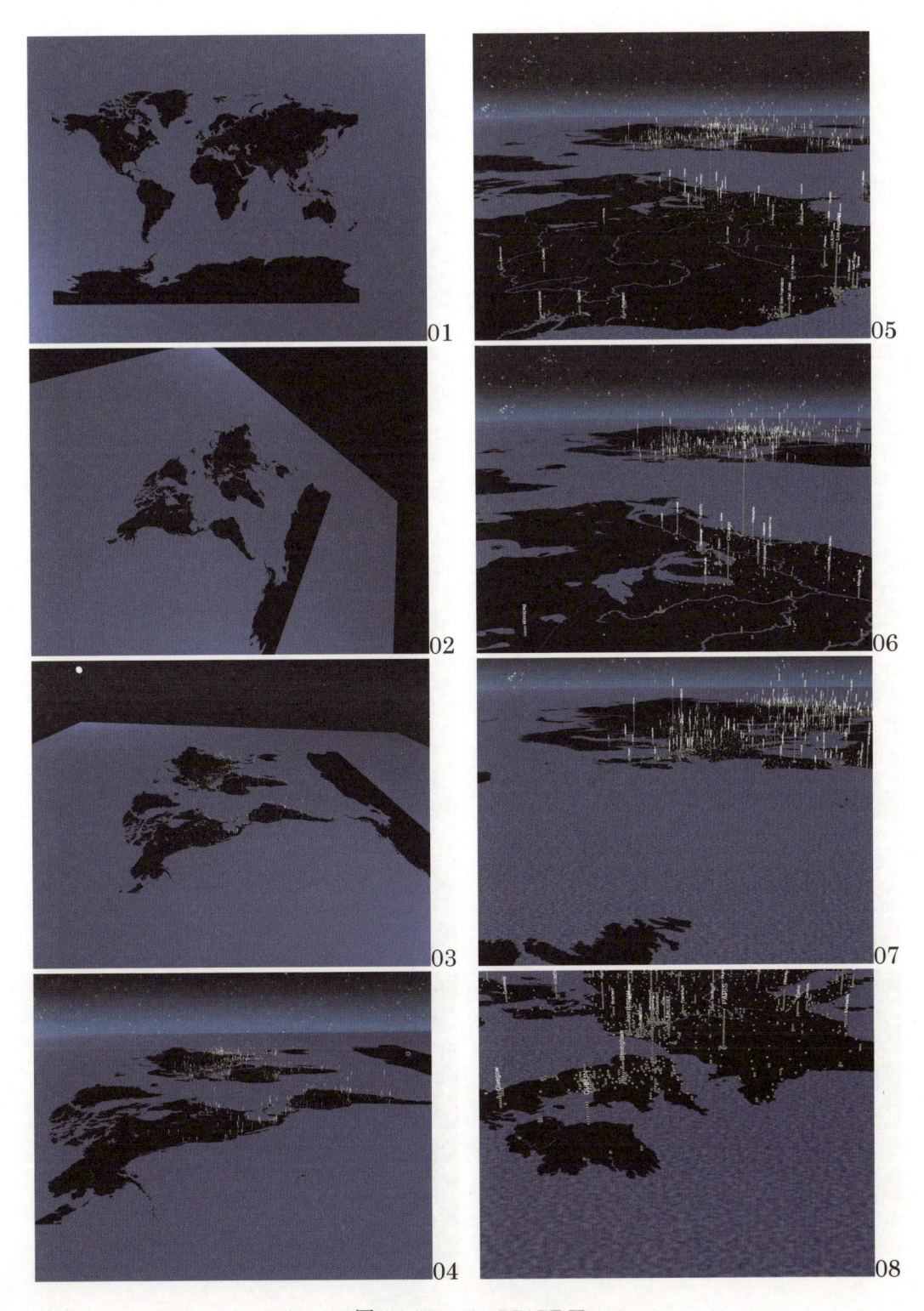

図 2-3-2 PopulouSCAPE-II

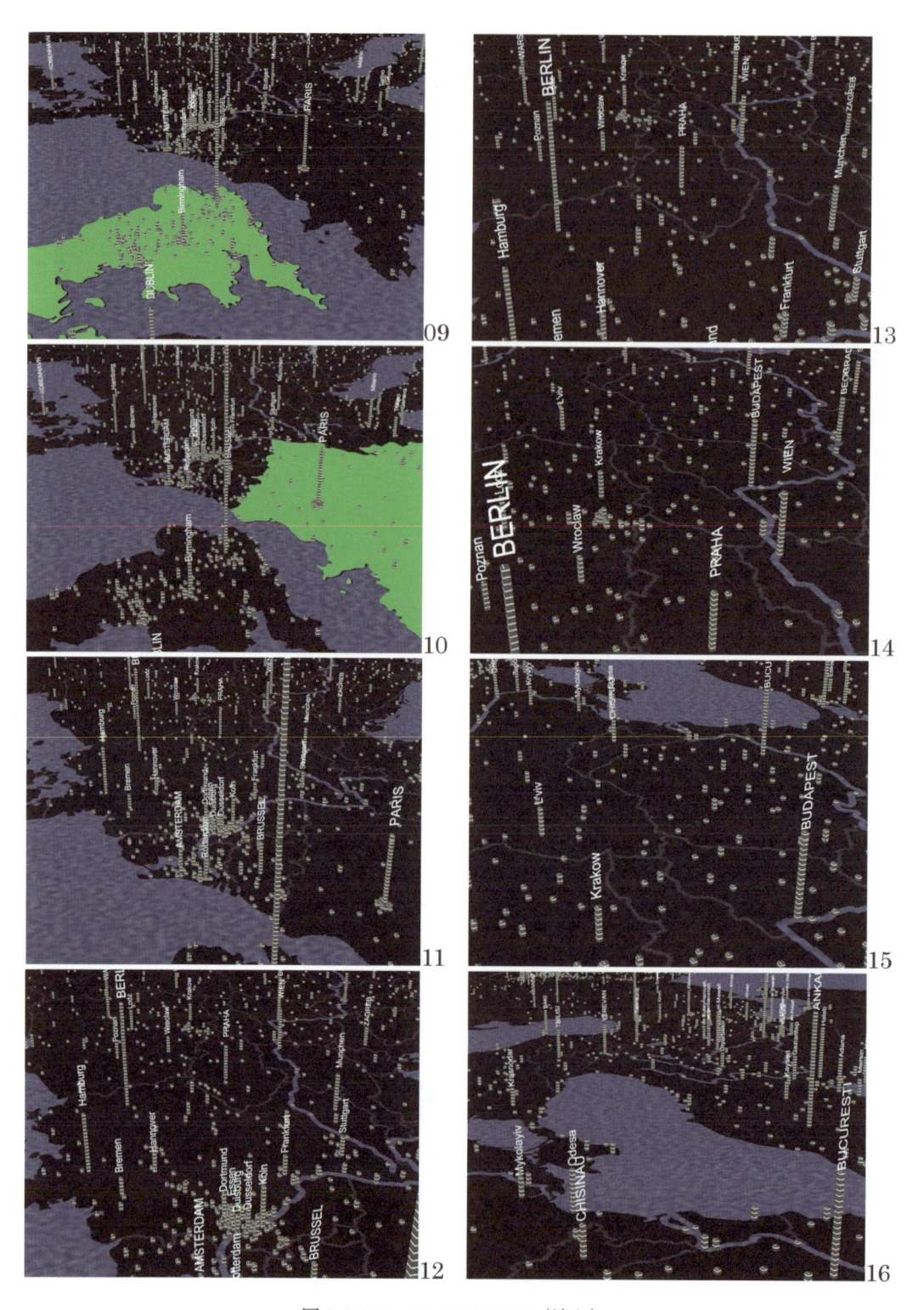

図 2-3-2 PopulouSCAPE-II（続き）

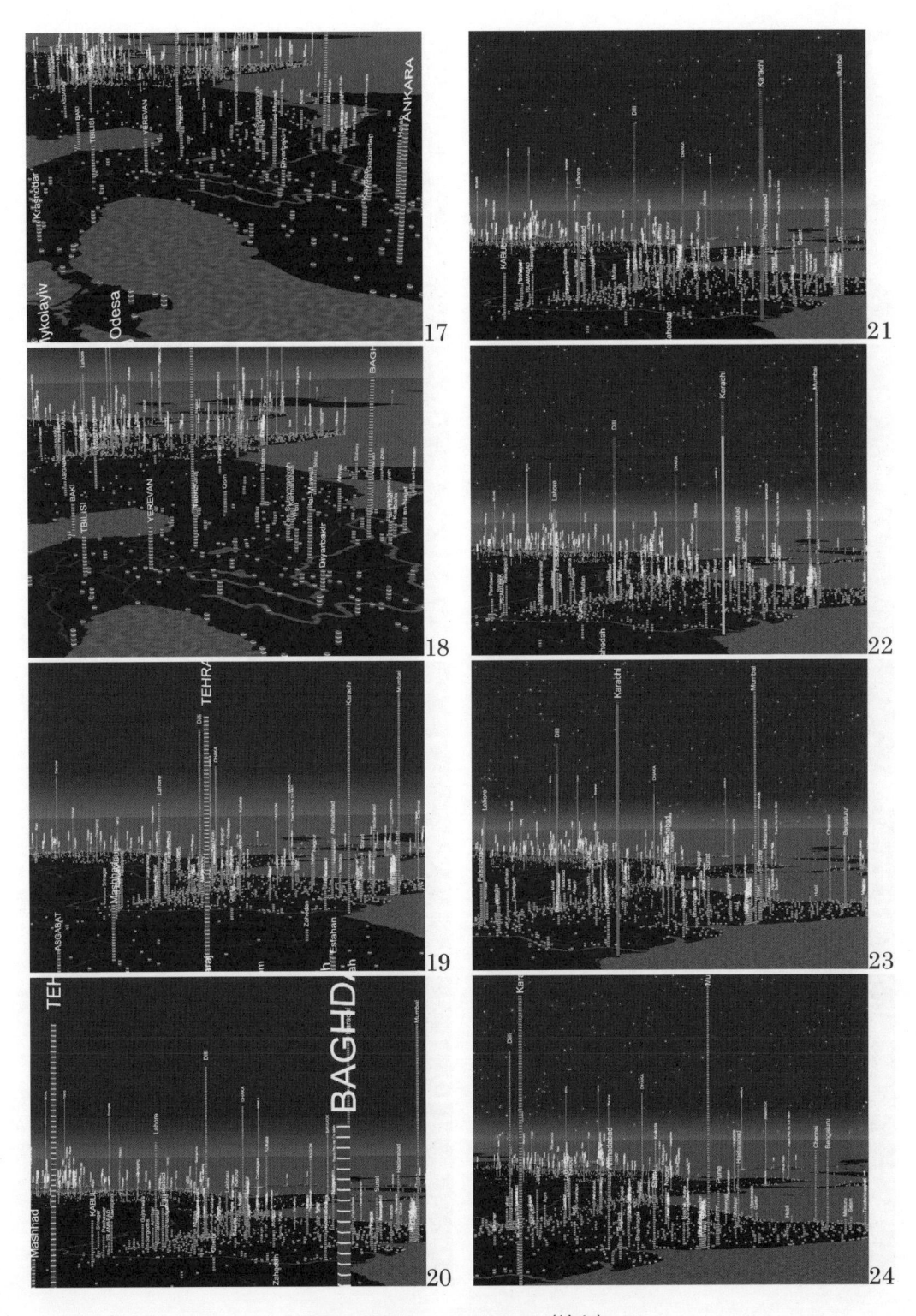

図 2-3-2 PopulouSCAPE-II（続き）

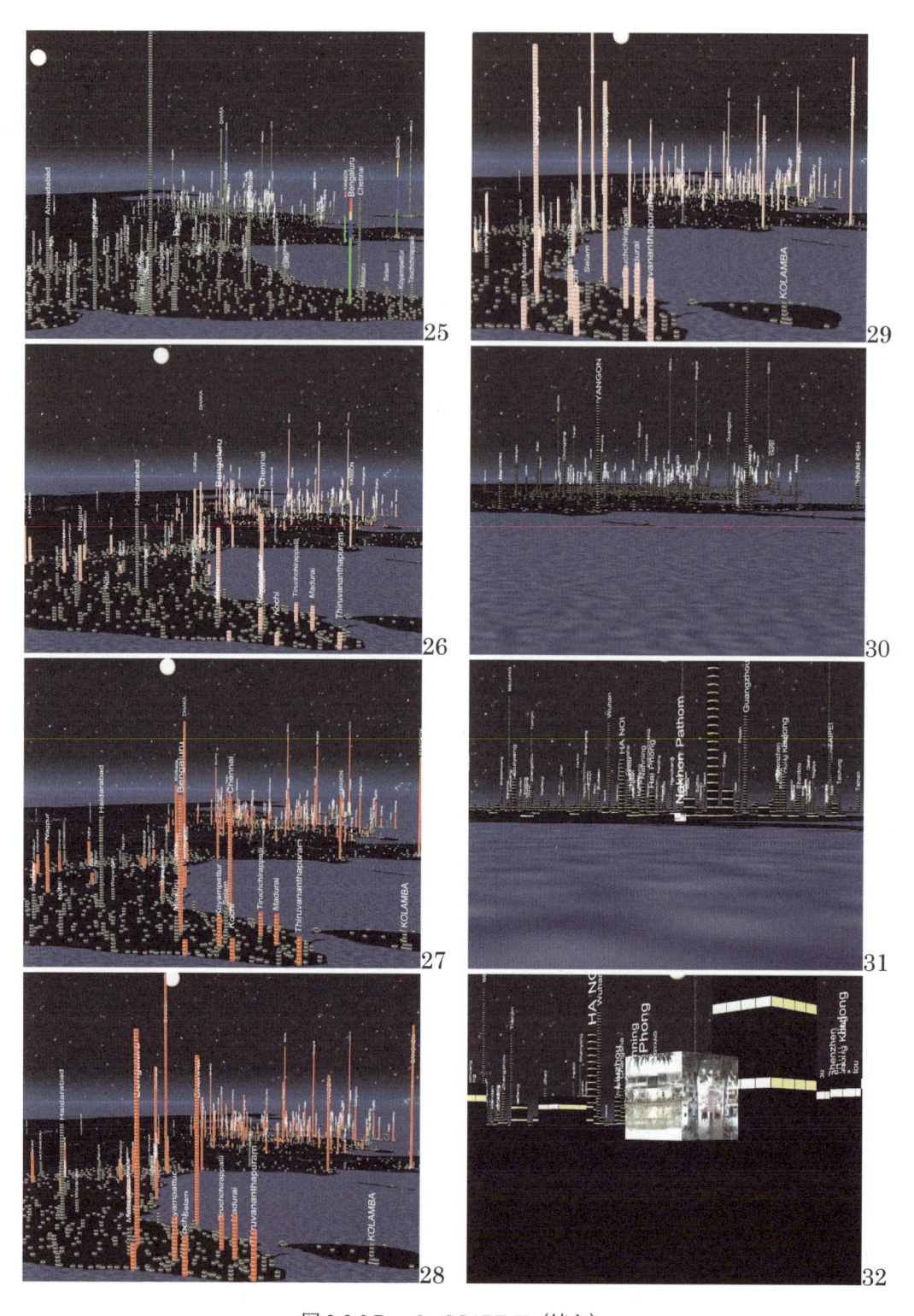

図 **2-3-2 PopulouSCAPE-II**（続き）

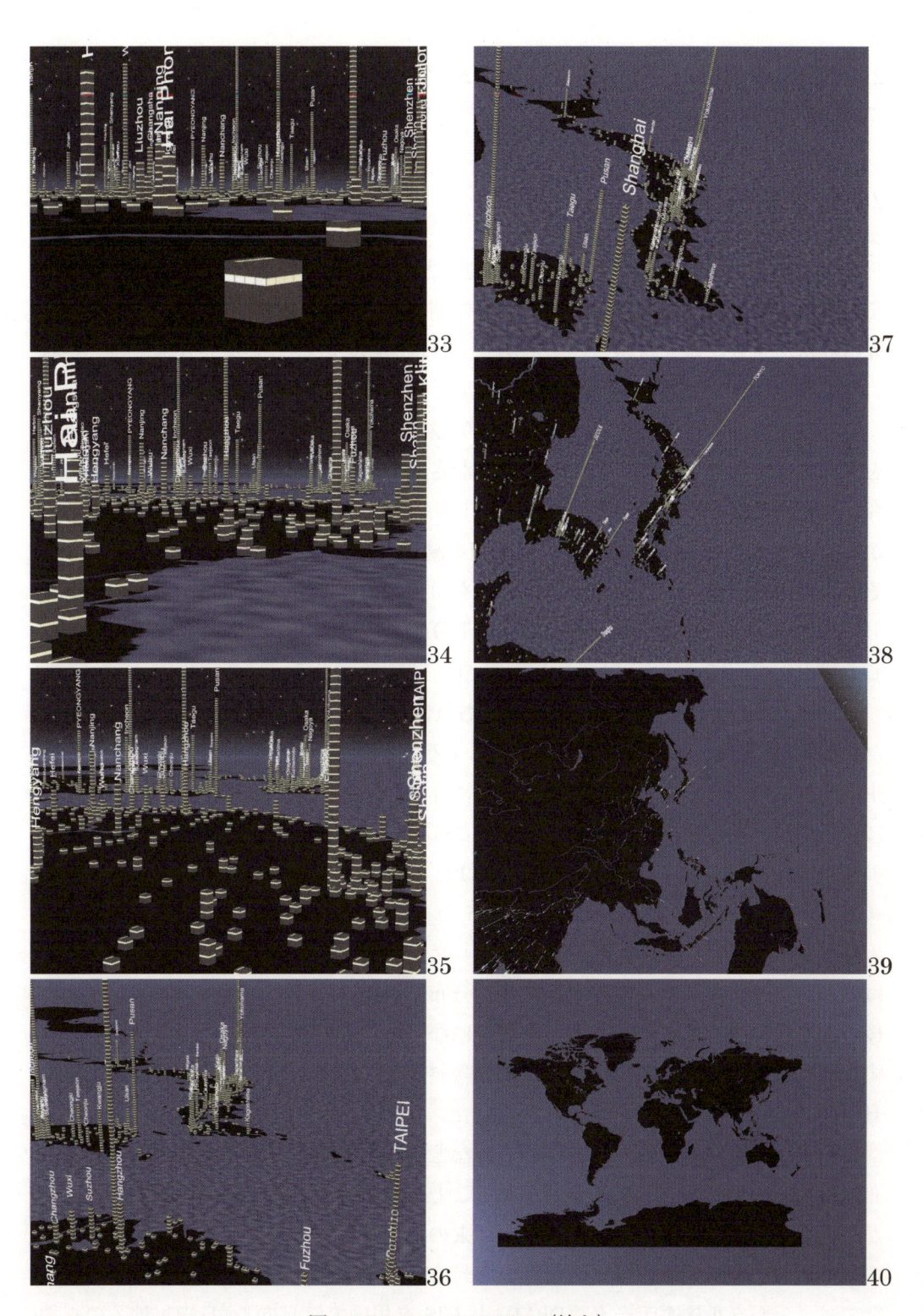

図 2-3-2 PopulouSCAPE-II（続き）

2.4. GISを用いた『日向』『日影』地名の立地の解析

2.4.1. はじめに

　地名はある土地に住む人々がその土地をどのように認識していたかということを如実に反映するものである．人と環境の関係を研究する地理学にとって，地名研究は非常に重要な研究課題の一つであり，日本国内のみならず世界各国で研究が行われてきた．

　特に自然に関した地名には地形地名や気候地名があり，前者については災害地形を意味する地名などもあり多くの研究がなされてきた．それに対して気候地名の研究は相対的にはあまり盛んでなかった．しかし吉野（1997, 2001）は1980年前後から日本や海外の気候地名について調査を続け，興味深い成果を数多く見出した．その主な研究方法は，各気候地名の分布を白地図に作成するもので，資料は20万分の1地勢図からの読み取りや，2万5千分の1地形図上の地名をデータベース化した索引集などであった．

　今回取り上げる『日向』『日影』地名も気候地名の一つで，現在最も研究が進んだ気候地名である．吉野（1997, 2001）によると，これらの地名は東北地方と関東・中部地方に数多く分布するという．さらに詳細な研究として，福岡（1988, 1993）による広島・岡山県の事例研究がある．これは，主に中国地方において，日当たりの悪い地域を指す地名の『陰地（オンジ）』と，日当たりの良い地域を指す地名の『日南（ヒナ）』について，その分布を5万分の1の地形図から目視で拾って，その傾斜角度や傾斜方位を等高線から算出したというものである．その結果，『日南』は傾斜が緩やかな5度前後の土地に多く分布し，『陰地』はより傾斜のある15度前後のところに多く分布することが明らかになった．その意味については，前者の示す場所は日当たりの良い耕作のしやすい緩斜面で，後者の示す場所は谷の中よりも日照時間の稼げる斜面であると考えられた．

　このように気候地名は，当て字や方言などの難しい問題を多く含む一方，その分布には共通の地形的・気候的要因があることが，前述の広島・岡山の事例研究などから明らかになってきている．しかし従来の地形図からの読み取りでは，気候地名のより広域的な立地傾向や気候条件との対応は効率よく検討できない．そこで本研究では，デジタル標高データ（DEM）とGISを用いて『日向』『日影』地名の立地

傾向を調査する．

2.4.2. データと解析方法

今回解析に用いた地名データは，国土地理院の「数値地図 25000（地名・公共施設）」で，このデータは2万5千分の1地形図上の地名の中心位置を緯度経度で表したものである．デジタル標高データには北海道地図の「50メートルメッシュ UTM DEM」を用いた．GISソフトにはArcGIS8.3を使用した．今回の調査対象地域は，吉野（1997, 2001）で『日向』『日影』地名の分布が多いことが明らかになっている関東・中部地方（茨城県・栃木県・群馬県・埼玉県・千葉県・東京都・神奈川県・新潟県・山梨県・長野県・岐阜県・静岡県・愛知県）とした．詳述すると，新潟県は『日向』『日影』地名が数件存在したために調査対象としたが，三重県に関しては地理的に他の地域から離れるために用いなかった．

『日向』『日影』地名には吉野（2001）の結果をもとに以下のものを認定した．まず，『日向』およびその同意の日当たりの良い地名として，「ヒナタ」「ヒバラ」「ヒナタ」「アテビ」「ヒオモ」の5つの読み方をする地名を抽出し，今回の調査地域には全230例が該当した．『日影』に関しては，「カゲ」の字が違う『日影』『日陰』『日蔭』の3つの地名のほか，「アテラザワ」などといって日当たりの悪いところを示す地名の「アテラ」を抽出し，全133例が該当した．2万5千分の1地形図上でその地名の代表する地域を確認したところ，地名の中心位置から半径100m以内がその地名をほぼ代表していたため，標高データをその範囲で平均して扱った．

この平均した標高データから，GISを用いて，『日向』『日影』地名が表す地域の標高・傾斜方向・傾斜角度を求めた．さらに日射量の代替値として，南から45度の角度で日が当たった場合にできる地形起伏による陰影（255階調の明暗）を算出した．これらの値が『日向』地名と『日影』地名でどのように異なるか，さらに先行研究の結果とどのように異なるかを調査した．

2.4.3. 関東・中部地方の『日向』『日影』地名の立地傾向

『日向』『日影』地名の分布を図2-4-1に示す．『日向』地名を赤丸，『日影』地名を青十字でプロットしている．これを見ると，『日向』『日影』地名が多く分布するのは山沿いの地域である．さらに，どのくらいの標高のところにどの程度の割合で存

在するかを調べたところ（図2-4-2），『日向』地名は『日影』地名より標高の低いところに存在する傾向がある．詳しく述べると，『日向』地名は300m未満のところに全体の4割以上が分布するが，同じ高度範囲の『日影』地名の分布は全体の2割にも満たない．一方，300m以上900m未満の範囲には，『日影』地名の6割以上が分布し，同高度範囲の『日向』地名の割合より15%も多い分布となっている．

　『日向』『日影』地名それぞれの傾斜方位について，8つの方位に占める割合を示した（図2-4-3）．『日向』地名は南・南東・南西という方位の占める割合が高い．しかし『日影』地名は，予測されるような北・北西・北東という方位のほか，東・南東といった方位も多くなっていることがわかる．

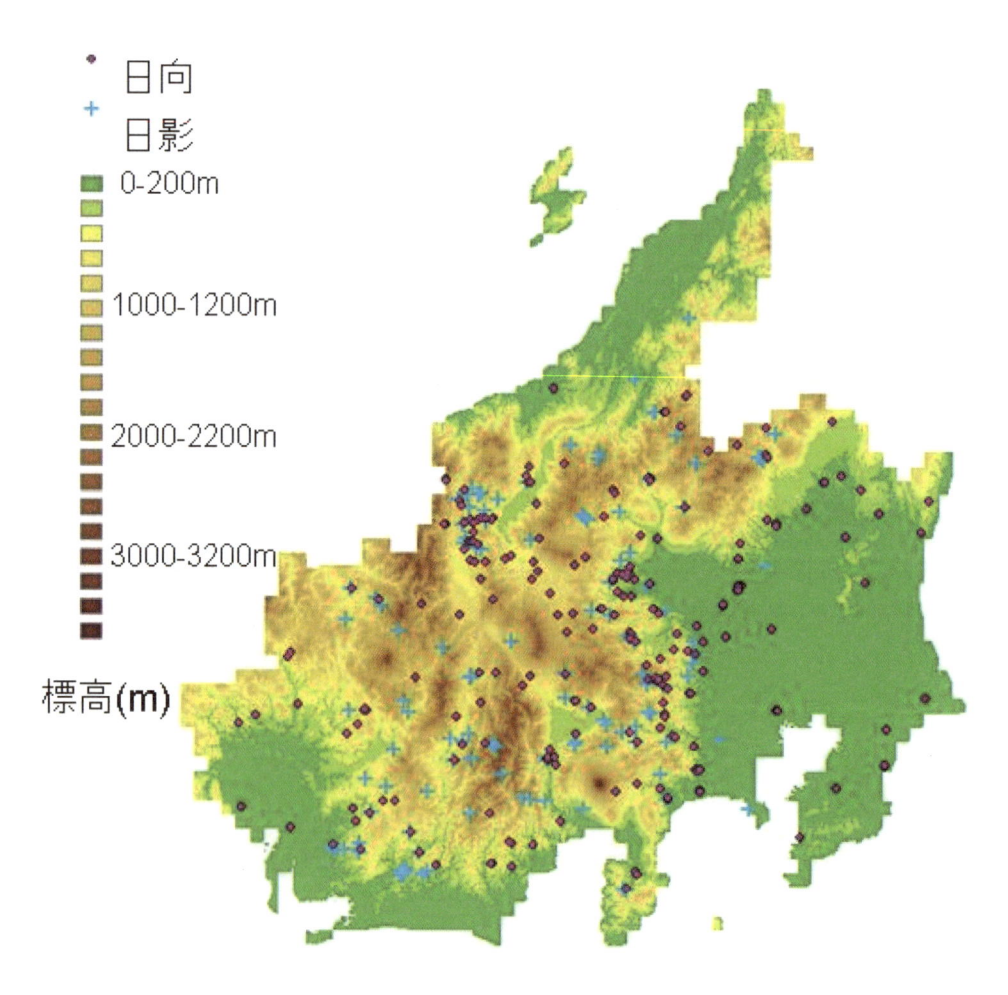

図 2-4-1　『日向』『日影』地名の分布図

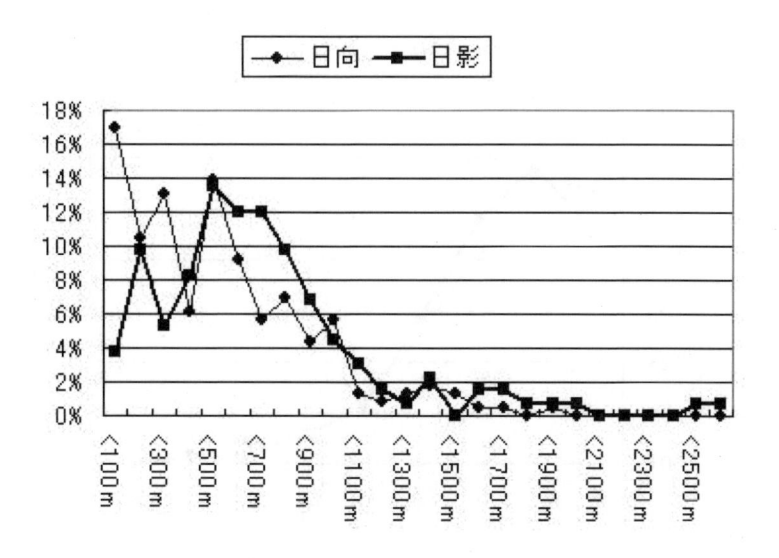

図 2-4-2 『日向』『日影』の標高とその割合

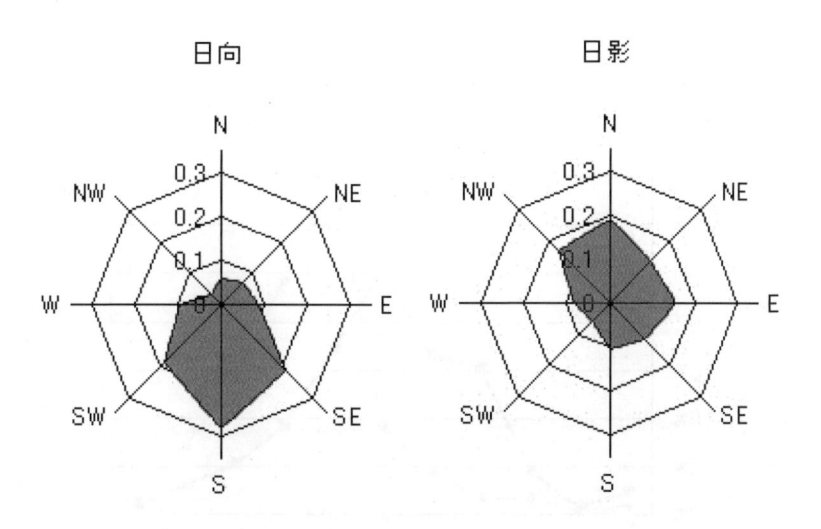

図 2-4-3 『日向』『日影』の傾斜方位とその割合

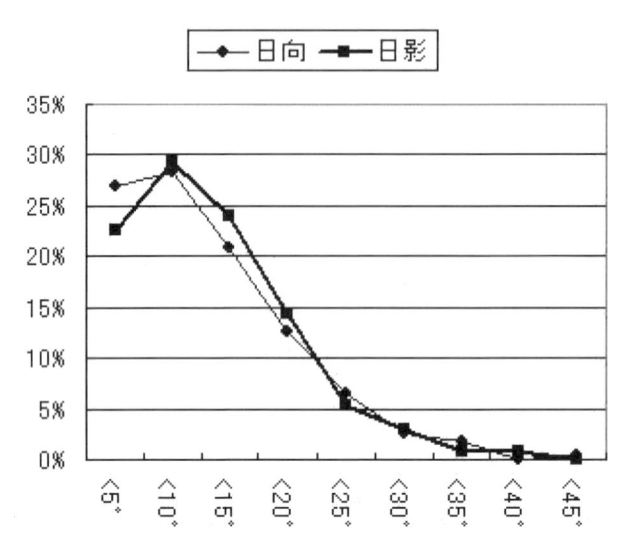

図 2-4-4 『日向』『日影』の傾斜角度とその割合

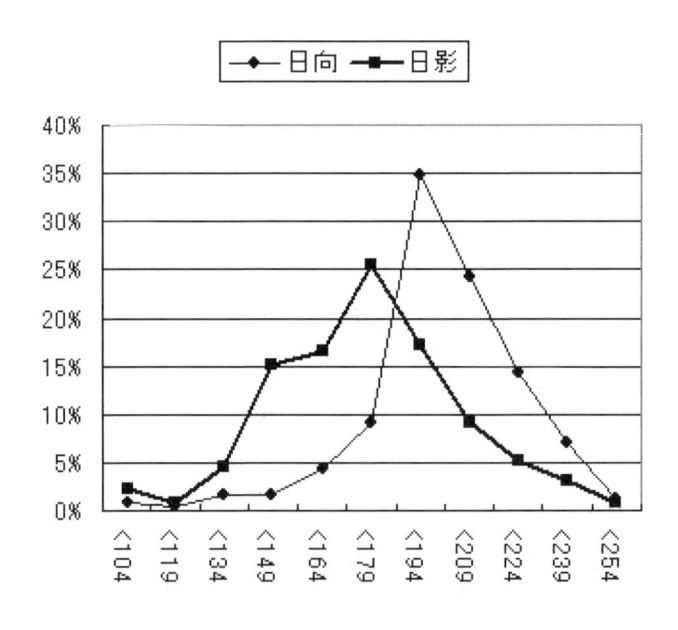

図 2-4-5 南から 45 度の高度で日射が当たったときの『日向』『日影』の陰影
(255 階調)とその割合 (0=黒, 254=白)

傾斜角度については，5度ごとに割合を見ていくと（図2-4-4），5度未満では『日向』地名の方が『日影』地名より割合が高く，5度以上20度未満では『日影』地名の方が『日向』地名より割合が高かった．『日向』地名は比較的緩やかなところ，『日影』地名は比較的急なところに立地するということであり，これは福岡（1985, 1993）による広島・岡山の事例研究と一致した結果である．

　さらに45度の高度で南から日が当たった場合の『日向』『日影』地名の陰影を見てみると（図2-4-5），『日向』地名は『日影』地名よりも相対的に明るくなっていた．

2.4.4. 『日向』『日影』地名の特徴による関東・中部地方の地域区分

　前項では中部・関東地方の『日向』『日影』地名の立地傾向を包括的に調査したが，本項ではさらに各都県により『日向』『日影』地名の立地傾向に違いがないかを調査した．まず，『日向』地名と『日影』地名の件数の比較を行った（表2-4-1）．最も目立つ特徴は，長野県が『日向』地名も『日影』地名も最多件数を示すことである．しかし，それに続く多件数都県は『日向』地名と『日影』地名で大きく異なる．『日向』地名の場合は，群馬県・埼玉県・東京都・栃木県・山梨県というように，関東地方の山沿いの県が続く．一方『日影』地名は，2番目に多いのが山梨県であり，中部地方の山岳県で圧倒的に件数が多いことがわかる．続く多件数県は愛知・群馬・埼玉・静岡で，山岳地域の周辺県に多く立地することがわかる．関東地方の比較的平坦な県である茨城県・千葉県では，『日向』地名は数件みられるが，『日影』地名は存在しなかった．新潟県は平坦であるためか，『日向』『日影』の両地名とも件数は5つと少なかった．

　以上の結果をふまえ，『日向』地名と『日影』地名の相対的な件数と割合から，調査地域を3つに区分した．まず，『日向』『日影』のどちらの地名も件数が多く，全体に占める割合が『日向』地名より『日影』地名の方が多い長野県・山梨県を，中部山岳地域とした．栃木県・群馬県・埼玉県・東京都・神奈川県は，件数・割合ともに『日向』地名の方が『日影』地名より多く存在しており，関東山沿い地域とした．さらに，岐阜県・静岡県・愛知県は，『日向』『日影』両地名の件数は多くないが，『日影』地名の割合が『日向』地名より多い点が特徴的で，東海地域としてまとめた．茨城県・千葉県・新潟県は『日向』『日影』地名の件数が他の都県に比べて圧倒的に少ないため，地域としてまとめなかった．結果として，以上の3地域は，山岳地帯の中央とその西側・東側という形で区分されたことになる．

表 2-4-1 調査地域における各都県の『日向』『日影』地名の件数と割合・順位

都県名	日向	割合	順位	日影	割合	順位	
茨城県	4	1.7%		0	0.0%		
栃木県	18	7.8%	5	6	4.5%		関東山沿い
群馬県	34	14.8%	2	14	10.5%	4	関東山沿い
埼玉県	22	9.6%	3	10	7.5%	5	関東山沿い
千葉県	7	3.0%		0	0.0%		
東京都	19	8.3%	4	4	3.0%		関東山沿い
神奈川県	12	5.2%		4	3.0%		関東山沿い
新潟県	5	2.2%		5	3.8%		
山梨県	18	7.8%	5	19	14.3%	2	中部山岳
長野県	55	23.9%	1	36	27.1%	1	中部山岳
岐阜県	14	6.1%		9	6.8%		東海
静岡県	13	5.7%		10	7.5%	5	東海
愛知県	9	3.9%		16	12.0%	3	東海
計	230	100.0%		133	100.0%		

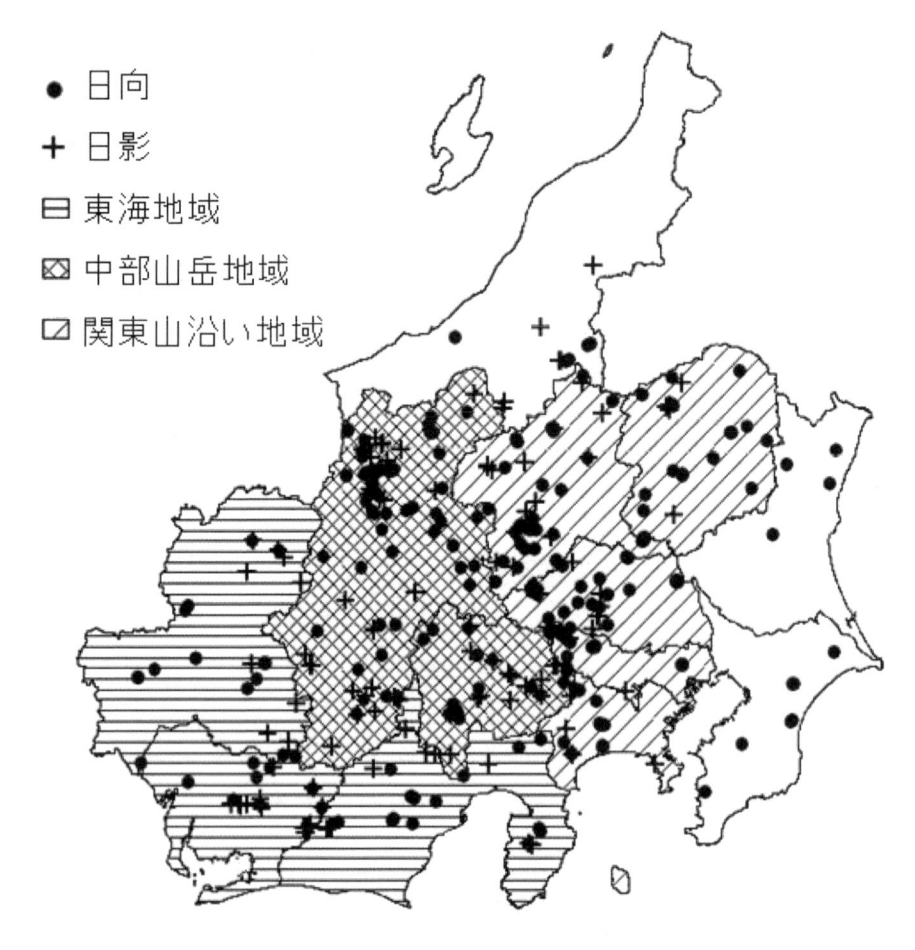

● 日向
+ 日影
▤ 東海地域
▨ 中部山岳地域
▧ 関東山沿い地域

図 2-4-6 『日向』『日影』地名の件数から区分した3つの地域

このようにして区分した3地域について,『日向』『日影』地名の立地する標高・傾斜方位・傾斜角度,南から45度の角度で日が当たった場合の陰影を算出し,2.4.3.で調べた関東・中部地方全域の結果との比較を行う.

　まず標高について見ると（図2-4-7）,全域の結果では『日向』地名の立地は標高300m未満に多く低地に位置する傾向があることを示したが,これは関東山沿い地域の値を強く反映したものであったことがわかる.中部山岳地域や東海地域はもともと標高が高いところが多く,両地域の『日向』地名と『日影』地名の間には明確な標高差はみられない.両地名とも,中部山岳地域では400m以上800m未満に多く位置し,東海地域では200m以上500m未満に多く位置している.山がちな地域に立地する『日向』地名と『日影』地名の間には標高差がみられないということかもしれない.このことは,木村（2000）が報告しているように,山間部では『日向』地名と『日影』地名が比較的狭い谷の中で川を挟んで対になって立地する例が少なくないことと一致している.

　つぎに傾斜方位について地域間の比較を行う（図2-4-8）.全域の結果からは,『日影』地名は北寄り以外の傾斜方位のところにも立地することが示された.これを3つの地域別に見ていくと,その傾向はかなり異なる.関東山沿い地域では,『日向』地名は南向きが卓越するが『日影』地名は東寄りの立地が卓越していた.この理由は,山岳地域に近い関東地域西部ではもともと東に向かって低くなる傾斜をもっており,標高が比較的高いところに位置する『日影』地名が主にその傾向を受けていると考えられる.中部山岳地域では『日向』地名は南向きで『日影』地名は北向きという傾斜が卓越するが,両地名とも東向きや西向きの傾斜地への立地傾向が他地域に比べ相対的に強い.この理由は,中部山岳地域には南北に流れる河川が多く,その河川が作った西向き斜面や東向き斜面も多くなるためと考えられる.それに対し,東海地域では『日向』地名の南向きと『日影』地名の北向きが卓越している.この結果は,この地域に流れる西向きの河川が形成した南や北を向く斜面を反映したものと考えられ,中部山岳地域とは逆の傾向になる.

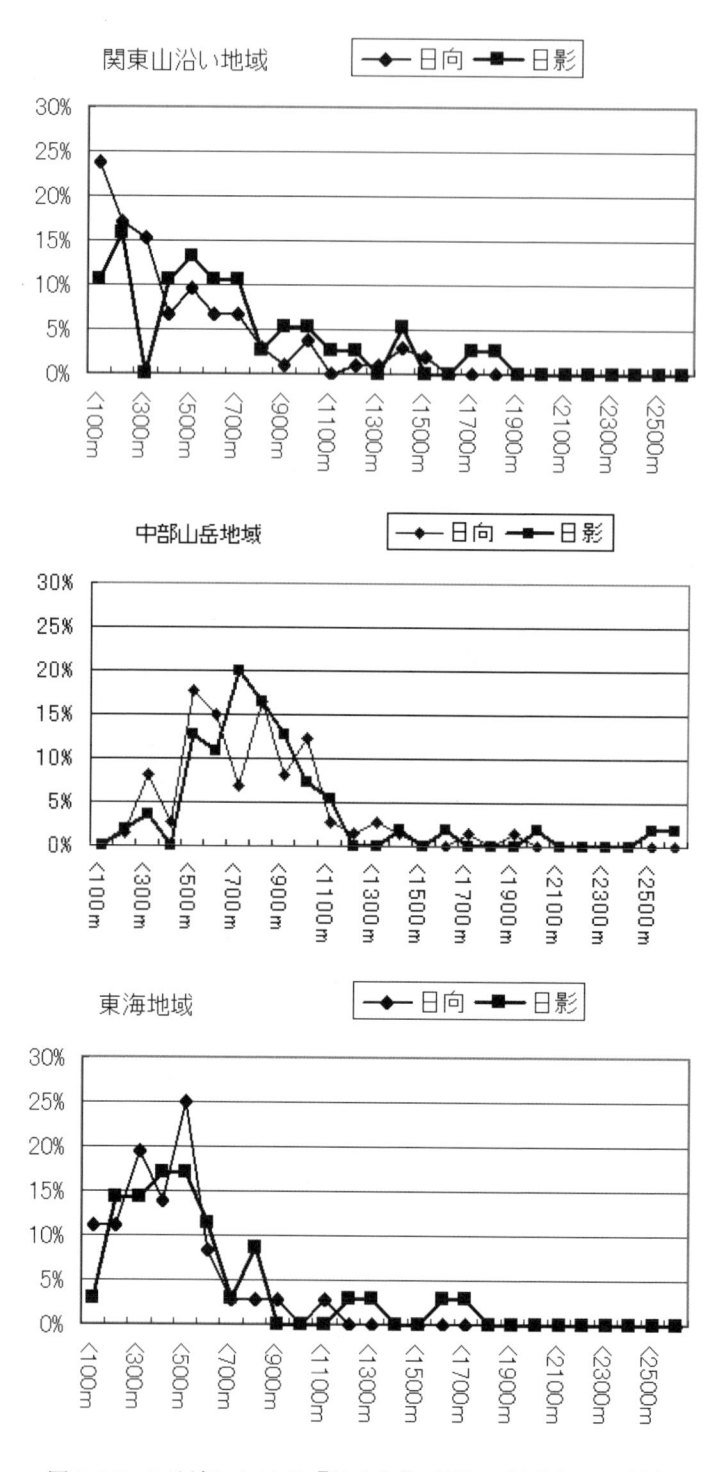

図 2-4-7 　3 地域における『日向』『日影』の標高とその割合

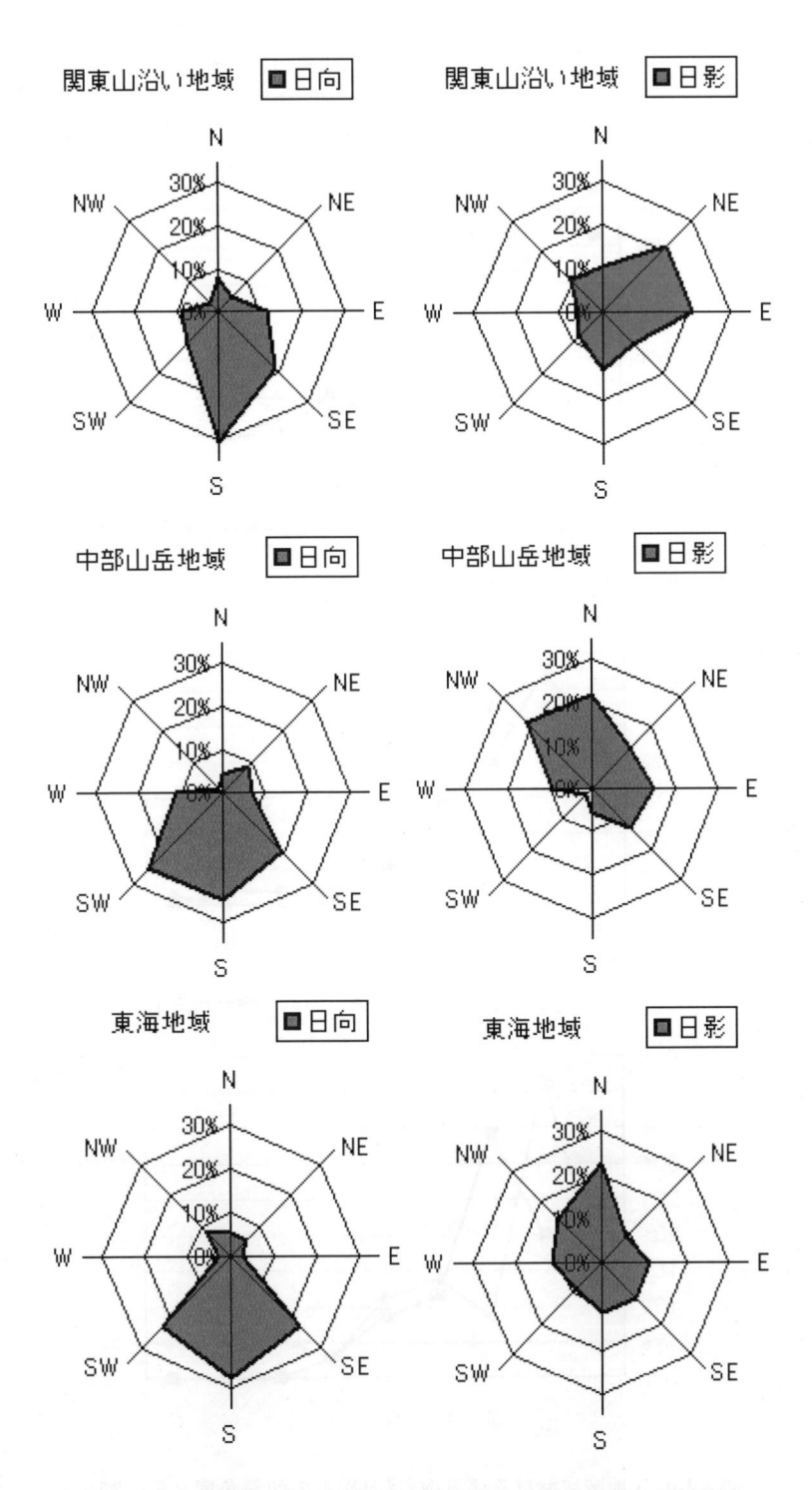

図 2-4-8 3地域における『日向』『日影』の傾斜方位とその割合

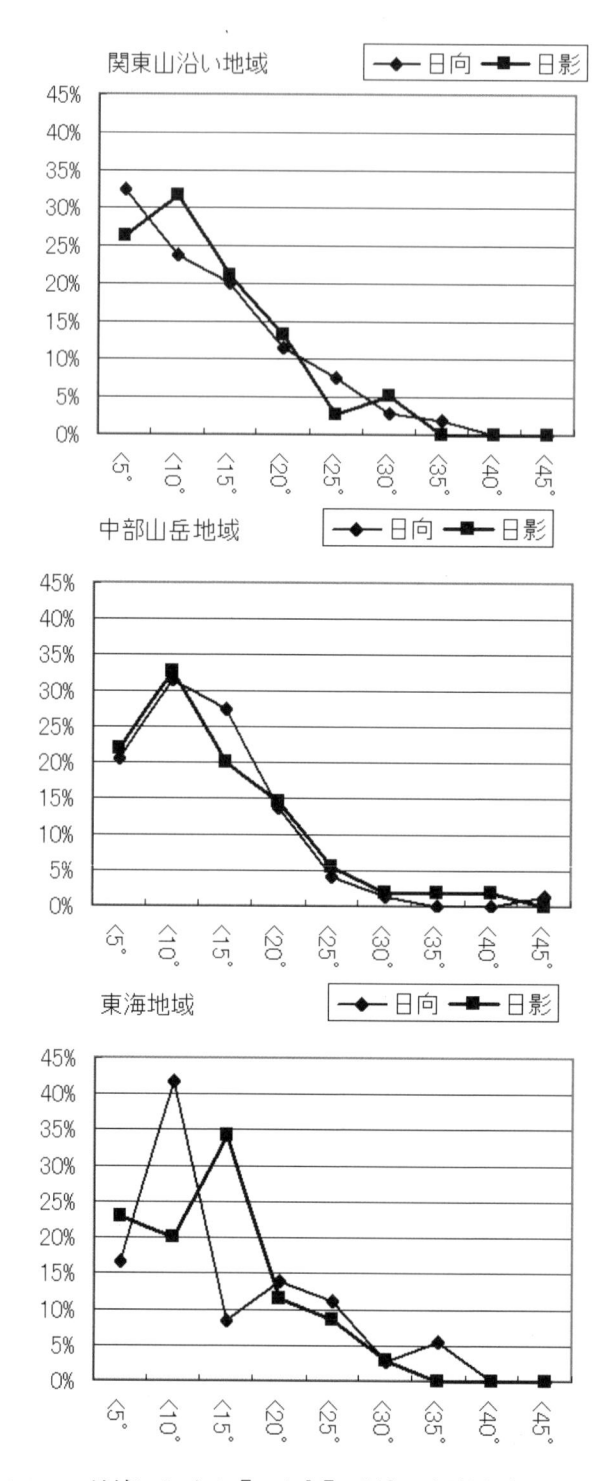

図 2-4-9　3 地域における『日向』『日影』の傾斜角度とその割合

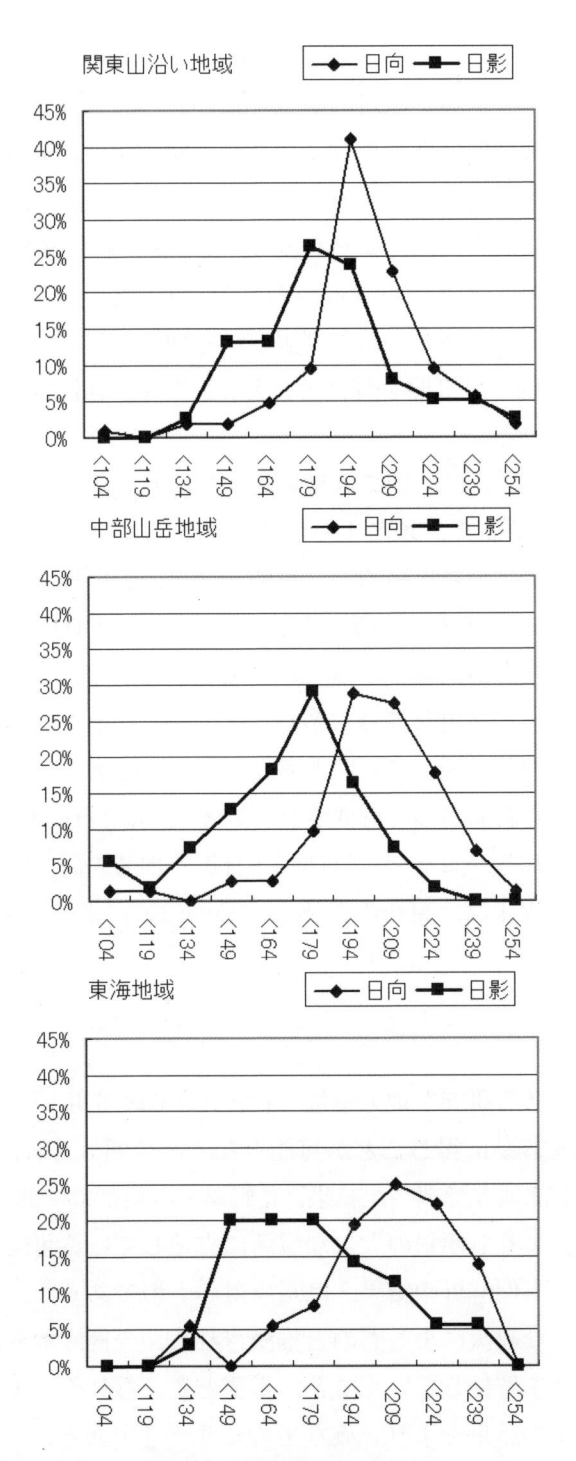

図 2-4-10 3地域において南から45度の高度で日射が当たったときの『日向』『日影』の陰影 (255階調)とその割合（0=黒, 254=白）

傾斜角度（図 2-4-9）については，福岡（1988，1993）の広島・岡山県の例と同じように，全域では『日向』地名が傾斜の緩やかなところに立地することが示された．関東山沿い地域や東海地域に関しては，ピークの傾斜角度に違いはあるが，『日影』地名より『日向』地名の方が傾斜の緩やかなところに立地する点が共通している．しかし中部山岳地域においては，傾斜角度 10 度以上 15 度未満の部分で，『日向』地名の方が『日影』地名より出現割合が高くなっている．中部山岳地域のような，日当たりが周囲の地形によってかなり制限される地域の場合は，谷底よりは多少でも傾斜があるところの方が日照を稼げるため，『日向』地名が付く可能性が高いのではないかと推測される．

さらに陰影（図 2-4-10）について 3 地域を比較したところ，興味深い結果が示された．『日向』地名は『日影』地名より明るいところに立地するということは自明であるが，3 地域の結果を見比べると，東側の関東山沿い地域から中央の中部山岳地域，さらに西側の東海地域と，西に向かうにつれて，『日向』地名と『日影』地名の明暗のコントラストが大きくなっていくことがわかる．まず，関東の山沿いの地域は他の地域に比べて平坦な部分も多く，そのようなところに立地する『日向』『日影』地名は明暗の差が現れにくいと考えられる．一方，東海地方は東西に流れる河川により南北向き斜面が多く形成されているため，『日向』『日影』の差がはっきり現れると推測される．よって，『日向』『日影』地名の間で明暗の差が東で小さく西で大きいという現象は，東西の複雑な地形の違いによる効果が大きいようだ．

2.4.5. おわりに

本研究では気候地名の研究を地方単位で行った．GIS を用いることにより，広範囲の地理学的情報を容易に得ることが可能となる．今回は『日向』『日影』地名の立地傾向を関東・中部地方で調べた結果，長野県・山梨県の中部山岳地域では，『日向』の方が『日影』よりも傾斜の大きな場所に立地している可能性が示され，この結果は広島・岡山の事例解析の結果とは正反対のものであった．その原因は中部山岳地域の非常に大きな起伏によるものと推測される．今後は地形の違いから，そこに立地する気候地名を解析していくことが重要と考えられる．また，統計的にもより検討を重ね，以上の結果をより正確なものにすべきである．

ただ，GIS を用いた気候地名の研究には困難な問題もある．用いる DEM がどのような地形を再現できてどのような地形は再現できていないかという問題も，100m

前後の範囲を扱う気候地名の研究には無視できない問題である．また，気候地名そのものが方言や当て字の問題を含むため，調査対象とする地名の選定作業には十分注意を払わなくてはならない．今回扱った関東・中部地方の『日向』『日影』地名の場合にはその問題は比較的小さかったが，この地域についで『日向』『日影』地名が多い東北地方では方言の問題が非常に大きい．しかしこれらの問題を丁寧に解決すれば，GISは気候地名の解析に大きな威力を発揮する解析手法といえる．

参考文献

木村圭司（2000），「気候地名「日向」「日影」集落における人々の生活とその変化－愛知県額田郡額田町を例として－」，2000年度人文地理学会大会，102-103．

福岡義隆（1988），「傾斜地の地名に関する気候学的考察」，中国・四国の農業気象，1，50-53．

福岡義隆（1993），「地理学における気候学の存在理由」，地理学評論，66A(12)，751-762．

吉野正敏（1997），「気候地名をさぐる」，学生社．

吉野正敏（2001），「気候地名集成」，古今書院．

第3章

ユビキタス社会における LBS のための基盤技術

3.1. ユビキタス社会におけるLBS

　ユビキタスという言葉が，最近は毎日聞かれるようになってきた．元々はマーク・ワイザーが 1988 年に提唱した概念であり，彼は計算機がいたるところに存在するようになると利用方法のパラダイムシフトが起こるということを提唱した．日本では，ユビキタスコンピューティグをパラダイムシフトそのものではなく，いろいろなところにコンピュータが遍く存在するということだと認識するケースが少なくないが，欧米では「マーク・ワイザー原理主義」と解釈されることが多い．元々のマーク・ワイザーの発想の基本は「必要なときに必要なものをサービスしましょう」である．利用者のおかれた環境，状況を「コンテクスト」と呼ぶことから，「必要なときに必要なものをサービスしましょう」という考え方の根底にあるのはコンテクスト・アウェアネス（Context-awareness）である．ようするにコンピュータが単純に 1000 万台，1 億台というふうに増えたといった単なる量的転換ではないのである．

　さて，マーク・ワイザーの原著によると，「必要なときというものを把握する」ために必要なのがコンテクストだとされている．その意味で，コンテクストは利用者を取り巻く環境情報の総体であり，様々なものがコンテクストとなりえるが，注意深くこの原著論文を読むと，「その最も重要なコンテクストは，位置情報である」という一文がある．つまり，位置情報だけを丁寧に取り扱えば，かなりコンテクスト・アウェアな，つまり利用者の状況をちゃんと考慮したサービスが実現できるというわけである．

　マーク・ワイザーの原著以来，位置情報を用いたコンテクト・アウェアなサービスで，すでに商用化されたものも少なくない．たとえば，カーナビなどもその出発点だといえる．そうしたサービスを実現する基盤となるものは当然，その位置を獲得する技術である．位置を獲得するための位置同定デバイスも多様化しており，屋外で利用するものとしては，GPS（全球測位システム）やガリレオ（EU が打ち上げを計画している全球的な衛星測位システム），日本が 2008 年に打ち上げようとしている準天頂衛星，あるいは携帯電話や PHS の基地局を用いて位置を同定しようとするものなどがある．屋内用であれば，ジャイロであるとか RFID（電子タグ），スードライト（擬似衛星）と呼ばれる GPS のような発信機を使う方法など様々な技術が出現しつつある．

コンテクスト・アウェアなサービスを実現するためにはコンテクストの性格を明らかにする必要がある．コンテクストは，まず利用者に直接関連するコンテクストと，その周辺のコンテクストに分けられる．利用者に直接関連するコンテクストは，利用者位置や端末に関するコンテクストと，利用目的に関するコンテクストにさらに分けられる．位置や端末コンテクストというのは，利用者の位置であるとか，利用者のもっている端末の性能や，特に通信性能などが対応する．これらは技術的な条件に関するコンテクストであるが，利用目的コンテクストは，より人間行動的，社会的な視点に立脚したコンテクストである．すなわち利用者の活動目的，散策をしているのか待ち合わせなのか，そうしたコンテクストであり，個人属性や嗜好などが基本的な属性となる．利用者の周辺に関するコンテクストは周辺環境コンテクストとも呼ぶことができる．これは利用者を取り巻く空間構成，店舗や施設の配置から，通信環境，測位環境などまで多岐にわたる．

さらにこうしたコンテクストに加え，今回はレベルズ・オブ・サービス（Levels of Service：LOS，サービスのレベル）という概念を提唱したい．これは，図 3-1-1 に示すように，利用者のコンテクストに応じてサービスとして提供する情報の形態，内容を変化させる機能である．利用者の利用目的コンテクストや周辺環境コンテクストから，利用者の欲しているサービスの内容や要件はある程度明らかになるもの

- コンテクストに応じたLevels of Serviceの選択
  - ユーザコンテクスト
    - 物理的なコンテクスト
      - 端末性能、帯域
      - 位置、方向、移動速度、視野の広さ
    - 利用目的コンテクスト
      - 活動目的（散策、待ち合わせ・・・）
      - 個人属性・選好（老人、子供、外国人・・・・）
  - 環境コンテクスト
    - 通信・測位環境など

- LOS選択のためのコンテクストの記述方法
  - LOSML(LOS Mark-up Language)

テキストでの経路表示

目的地までの経路とランドマークを2次元表示

経路上のノードでの3次元表示

図 3-1-1　LOS（Levels of Service）の概念とコンテクスト・アウェアサービス

の，通信環境や端末性能などの条件により，迅速かつ安価に提供できる情報そのものの内容や形態は異なる．そのため要件を満足するサービスという条件の下で，提示される情報の内容や形態に優先順位を付け，最低限必要な情報から順次提供するという考え方である．次節以降，コンテクスト・アウェアなサービスを LOS を考慮しながら提供するための基盤技術とその体系に関して解説する．

3.2. LBS を支える周辺技術

3.2.1. 通信＋コンテンツ融合を補完するもの

　LBS（位置情報サービス）では多くの場合，利用者はモバイル環境でデータをやりとりする．そのため，モバイル環境でいかに快適で安定的な無線通信環境を効率的に提供できるかが実現のための大きなポイントである．さらに LBS の特徴は利用者の位置，場所をうまく利用してサービスを提供できるという点にある．そのため，位置や場所をキーとして，様々な情報やコンテンツを効率的，効果的に集約し，サービスとして提供する技術が必要となる．すなわち，空間データ，空間コンテンツの融合技術である．

　しかし，これらの技術はすでに存在しているデータをいかに確実かつ効率的に集約し，利用者の元に送り届けるかということを主な目的としており，どのようなデータをどのようなタイミングで送り届ければ利用者に喜ばれるか，言い換えれば対価を喜んで支払ってくれるのかを明らかにしてくれるわけではない．また，そうしたデータをいかに実世界から集めてくるかという問題にも必ずしも答えてくれるわけではない．

　商品の流通・販売にたとえると，通信とコンテンツ融合（データ融合）はロジスティクスにおおむね対応しているといえる．情報のように全体費用に占める流通コストの割合が大きい「商品」ではロジスティックス費用の低減は大変重要である．しかし，「商品」として社会に広く受け入れられるためには，費用を引き下げる努力だけではなく，商品そのものを魅力的にする努力も必要である．つまり，個々の利用者の要求を聞いて適切な商品を勧めたり，ニーズを集約して新しい商品をデザインしたり，そのための素材を発掘する仕事も技術的に支援する必要がある．こうしたマーケティングやデザイン技術と通信技術やコンテンツ融合技術が一体となってはじめて必要なサービスを必要なときに提供するための技術的な基盤ができあがるといえる．

　では具体的にどのような技術が必要になるのかを整理しよう．

　図 3-2-1 は利用者に対してどのようなサービスを提供するのかという視点から必要と考えられる技術をまとめたものである．

1) サービス生成技術

　利用者が必要とするサービスを生成する技術である．利用者の状況をふまえて必要な情報を生成してサービスとして提供する．必要でないときに余計な情報を提供するとサービスに対する利用者の信頼を失い，必要なときに十分支援することができなくなる可能性がある．そのため利用者のおかれた「コンテクスト（文脈）」を読み取り，適切な内容・レベルのサービスを適切な場所，タイミングで生成する技術がきわめて重要である．その基礎としてどのような利用者はどのような状況にどのようなサービスを欲するのか，同時に与えられたサービスに対してどのように行動を変化させるのか，を説明する「利用者モデル」を構築することが必要となる．なお，提供されるサービスはいわゆる内容だけでなく，情報の形態や詳細さのレベルを状況に応じて変える必要がある．これは利用者の利用できる通信経路の容量や端末の性能が多様なためであり，そうした環境条件に応じて利用者のニーズを満たせる範囲で，伝送するデータの量や情報の形態や詳細さを変化させなくてはならないということである．その意味でサービスのレベル（LOS：Levels of Service）は通

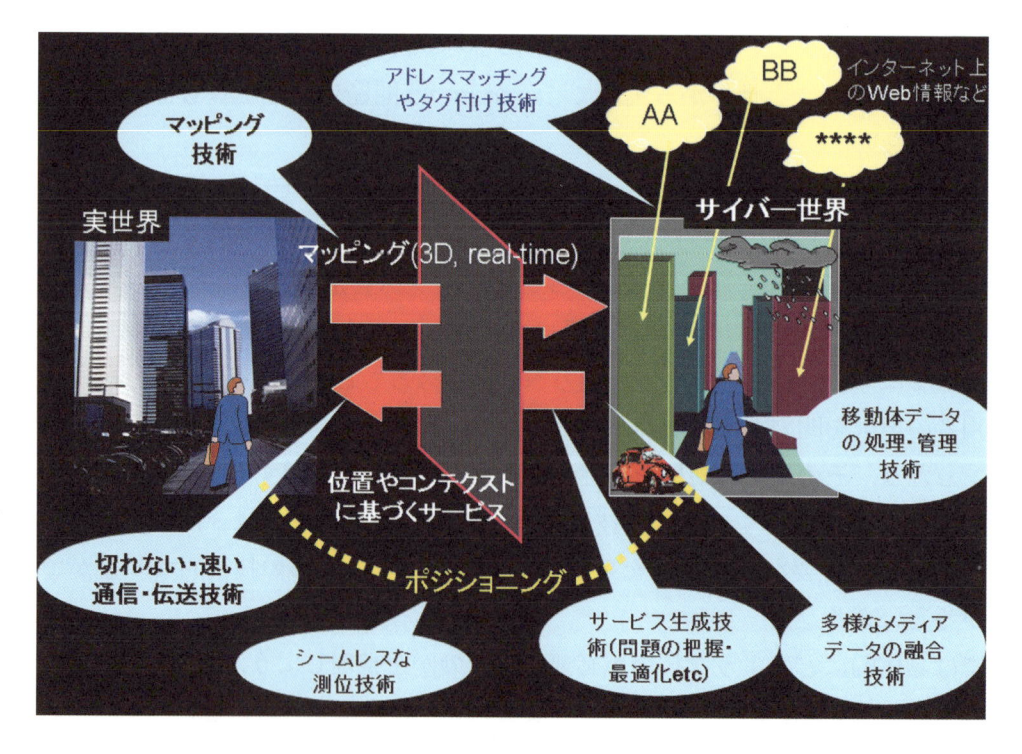

図3-2-1　LBS（位置情報サービス）を支える技術

信やデータ融合にも関連する重要なパラメータとなる．また，利用者の好みから通信環境，端末の性能などをサービス提供側に伝えるための記述形式などもインタフェースを設計する上で重要な項目になる．

2) 多様なメディアデータの融合技術

サービスのレベル（LOS）や利用者を取り巻くコンテクストを考慮しながら画像情報や音情報などを位置をキーにして融合してコンテンツを生成する技術である．直感的に分かり易い情報提示や，その場での印象や感じたことの共有など感性に訴える表現を実現するために不可欠な技術である．

3) 通信・伝送技術

サービスを利用者に届けるためには，モバイル環境にいる利用者にどこでもいつでもつながり，十分な速度を提供できる通信手段を提供することが必要になる．ここでもサービスのレベル（LOS）をうまく変化させることで通信環境が劣悪な際にも利用者の満足度への影響を少なくすることが可能になる．たとえば道案内の場合

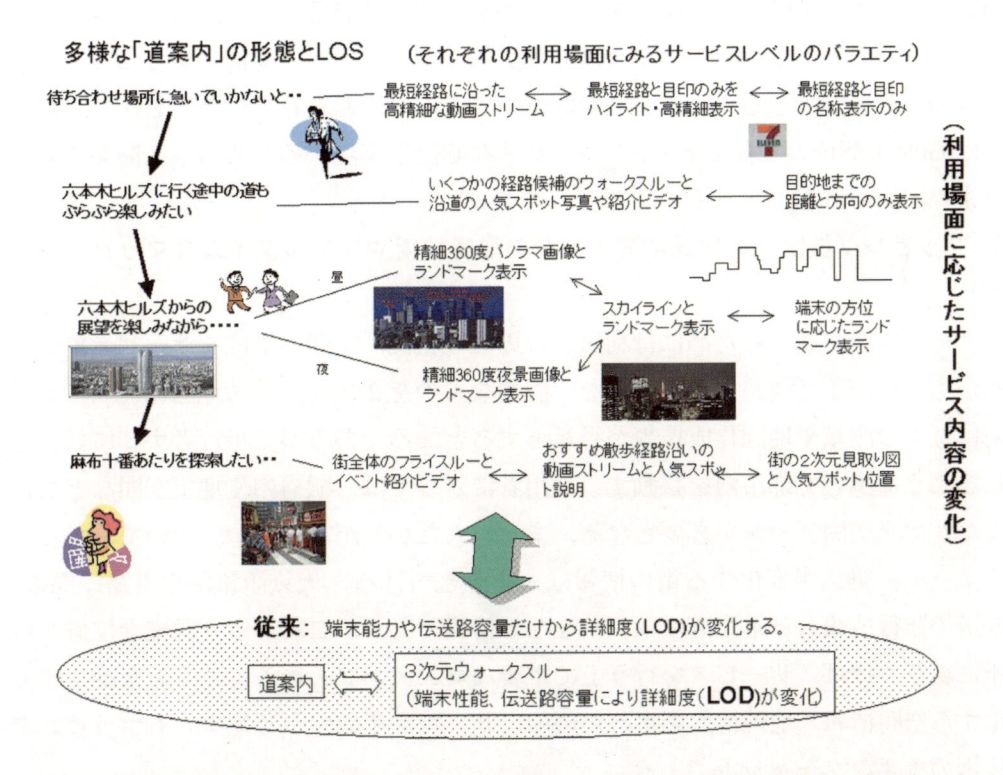

図 3-2-2　端末性能や伝送路容量に加えて，利用コンテクストに応じて適合的に変化するサービスのレベル（LOS: Levels of Service）

に，歩き出す方向を教えるためのランドマークや手近な経路データなど，重要なものはできるだけデータ量を削減せず，また伝送順も早めにすることで限られた通信リソースの下でも利用者の満足度が低下するのをできるだけ防ぐことができる．また基地局との通信のみに頼る方法では建物や地下街などの閉空間では通信できないこともありうる．また緊急時などは輻輳により重要な情報を送ることができなくなる可能性もあることから，ピアツーピア（peer-to-peer; P2P）のアドホックネットワークを構築する技術も必要になる．

4) シームレスな測位技術

利用者のおかれた文脈を読み取るためには，利用者の位置をリアルタイムに知ることが必要である．現在一般的に使われているGPS（全球測位システム）は，4つ以上の衛星からの信号を同時に受信することで位置を推定するものであり，非常に広い範囲で利用することができるが，衛星の見えにくい高層建物の集中地区や屋内，地下空間などでは利用できない．また，建物内などの限られた空間を対象とした専用システムも技術的には可能である．しかし，利用者がそれぞれの場所に合わせた受信機を何セットも持ち歩くことは非現実的であり，一台の受信機でどこでも位置を求めることができるシームレスな測位システムが求められている．しかしこれまではGPSが測位の主体であり，シームレスな測位を実現するための技術開発や研究はまだ開始されたばかりといえる．

5) マッピング技術（3次元空間データの取得技術やリアルタイムなマッピング技術）

サービスを生成するためには利用者の周辺の状況，空間の構成をサービス提供者側がもっている必要がある．動かない静的なものを2次元の数値地図に仕立てる技術は従来の測量や地図作成技術が得意とするところであるが，歩行者ナビに代表されるように歩いて都市内を移動する利用者に対しては，駅構内や地下空間なども含んだ3次元空間データが必要となる．また，人だかりがあるとつい覗いてみたくなるように，絶えず変化する街の情報は人を惹きつける．天気予報から道路の混雑，鉄道の運行情報も日常生活には欠かせない情報であり，これがより詳細な位置・場所に結びつけば，サービスを行う上で重要なコンテンツとなる．こうした絶えず変化する空間情報，地理情報を得るための「リアルタイムマッピング」もマッピング技術の重要なターゲットである．

6) アドレスマッチングやRFIDによるタグ付け技術

これは既存の様々な情報を特定の位置座標や実世界に存在する地物に対応づけ

る技術である．まず，ウェブなどに場所に関する記述があれば，その記述を抽出して地図座標に対応づけたり，あるいは実際に存在する地物やオブジェクトに電子タグの形で ID を添付し，その場で ID を読み出せるようにする．抽出された地図座標や ID を既存のデータベースと照合すれば，様々な情報を得ることができる．この技術はメディアデータの融合や，マッピングとも重複する技術であるが，コンテンツを豊かにするという意味で欠かせない．なお，地名や住居表示などの位置に関する記述を地図座標に変換するためには，位置記述を登録し地図座標と対応づけるデータベースの整備が欠かせない．また位置に関する記述を多少の揺れや修飾などがあっても自動的に認識できる方法の開発や，位置の記述方法をできるだけ統一して，位置記述と地図座標を結びつけるデータの共有や流通を容易にするような工夫が必要となる．

7) 移動体データの管理技術

GIS も含めて一般的にデータベースは現在蓄えているデータを問い合わせに応じて提供することは得意であるが，問い合わせされた時間に対応するデータがないときに既存のデータから内挿したり，外挿したりすることは不得手である．移動する人や物はまさに位置が絶えず変化し，また位置データがそれほど頻繁には得られないような場合である．しかも「今この時刻の位置」というようにもっともよく使われそうな検索でも直近の過去のデータから外挿せざるをえない．こうしたことから移動体に関するデータの表現や管理の方法を開発する必要がある．

3.2.2. 周辺状況を得る技術

利用者の行動のコンテクストを読み解くにあたり，周辺の状況は非常に重要である．また利用者への経路案内などのサービスにおいても周辺の空間がどのように構成されているかを知ることは不可欠である．本節以降，LBS を支える周辺技術のうちいくつかについて，技術開発の現状や課題についてまとめる．

歩行者一人一人を対象とした情報サービスを提供するためには，一般的な数値地図に加えて，建物そのものの 3 次元形状や建物内空間や地下空間の形状なども周辺の環境条件データとして構築することが必要である．これまで 3 次元空間データは航空写真による測量などの方法で取得されてきたが，最近は高分解能のデジタル画像センサを航空機やヘリコプターに搭載することで，建物や道路などの外形を 3 次元データとして取得することが容易になってきた．図 3-2-3 と図 3-2-4 はそうした高

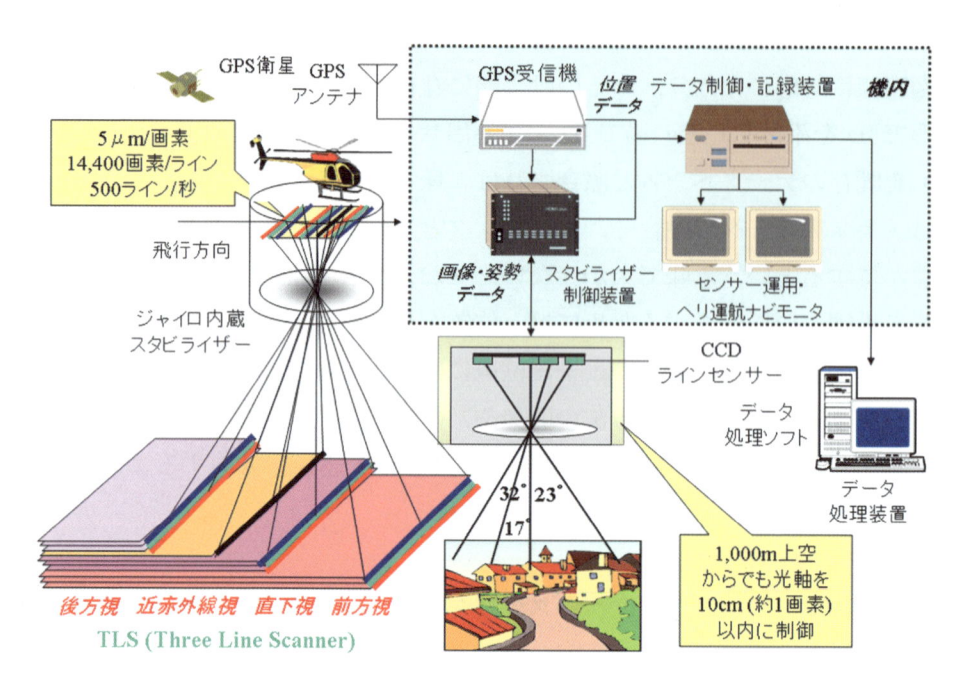

図 3-2-3　3次元マッピング用高分解能ステレオデジタルセンサの例

図 3-2-4　ヘリ搭載の高分解能センサから作成された3次元都市データの事例

分解能センサとそこから作成された建物や道路の3次元データの例を示している．
　また空からでは建物の内部や地下空間などの3次元データを作成することは無理である．そのため地上を移動できるような小型のシステムを構築して3次元データを作成しようという試みがある．図3-2-5は自動車にレーザレーダやデジタルカメラを搭載した例である．レーザレーダは，レーザビームをスキャンすることで対象物の断面図を描くことのできるセンサである．具体的にはまずレーザビームを発射してスキャナから対象物までの距離を正確に計測し，ついで少しずつ角度を変えながらビームを何度も発射することで，線的あるいは面的に対象物までの距離情報を得る．図3-2-5のレーザレーダの場合，一回のスキャンで一つの断面図しか描くことができないが，車載システムのため，自動車が進むことで，道路に沿って数十cm程度の間隔で道路の進行直角方向の断面図を次々と作成することができる．これを連ねることで道路に沿った3次元データを得ることができる．同時に車載のデジタルカメラから画像を得て3次元形状データの上に貼り付けることで，建物の色や明るさ（テクスチャ）情報も得ることができ，より見た目に近い3次元データとすることができる．現時点では簡単に人が運んだり，小さな台車に載せて建物内を移動したりするほどのサイズにはなっていないが，安価で小型なシステムを作ることも技術的には困難ではない．

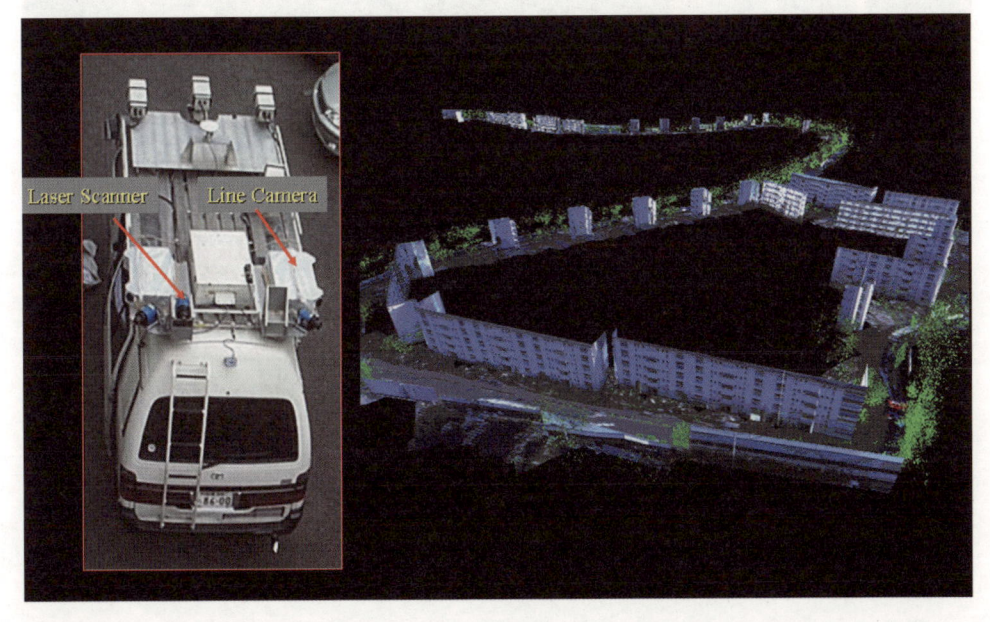

図3-2-5　車載レーザマッピングシステム（路上からの3次元データの作成システム）

3次元的な形状の計測そのものについては，こうした高分解能画像センサやレーザレーダなどを利用することで相当程度の自動化が進みつつある．しかしながらその空間の中で活動する人々を支援するためには，形状だけでなく，「階段」，「店舗」，「入り口」といった地物の認識と分類が必要になり，その点ではまだ十分に機械化が進んでいるとはいえない．今後の課題である．

さて，LBSにおけるサービス提供のためには，人混みや混雑，にぎわいからイベント情報に至るまで様々な動的情報，すなわち刻一刻と変化する街の情報を得ることも重要である．イベント情報などのようにウェブ上に掲載されるものについては，すでに述べたアドレスマッチングなどの手法を用いることで場所に貼り付けることが可能になる．しかし混雑情報や人の動きなどに関しては何らかのセンサを配置することにより得る以外の方法はない．画像センサやレーザレーダはその有力候補である．監視カメラなどからも狭い範囲の人の動きをトラッキングすることは可能であるが，ここではレーザレーダを利用してより広い地域をカバーする例を紹介する．

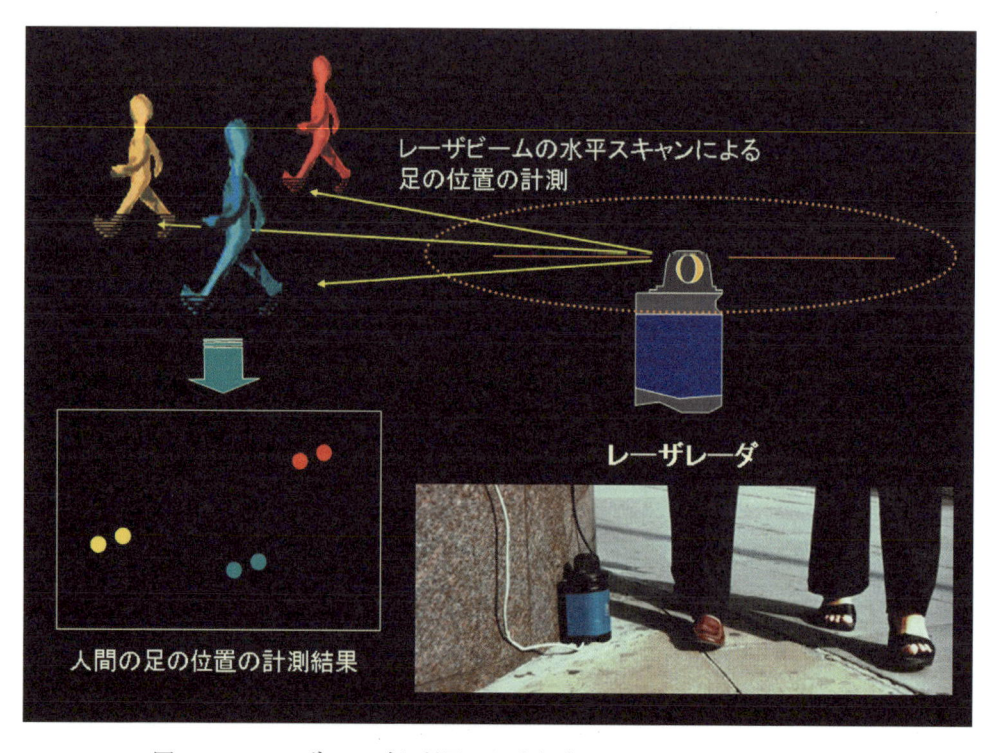

図3-2-6 レーザレーダを利用した歩行者のトラッキングシステム

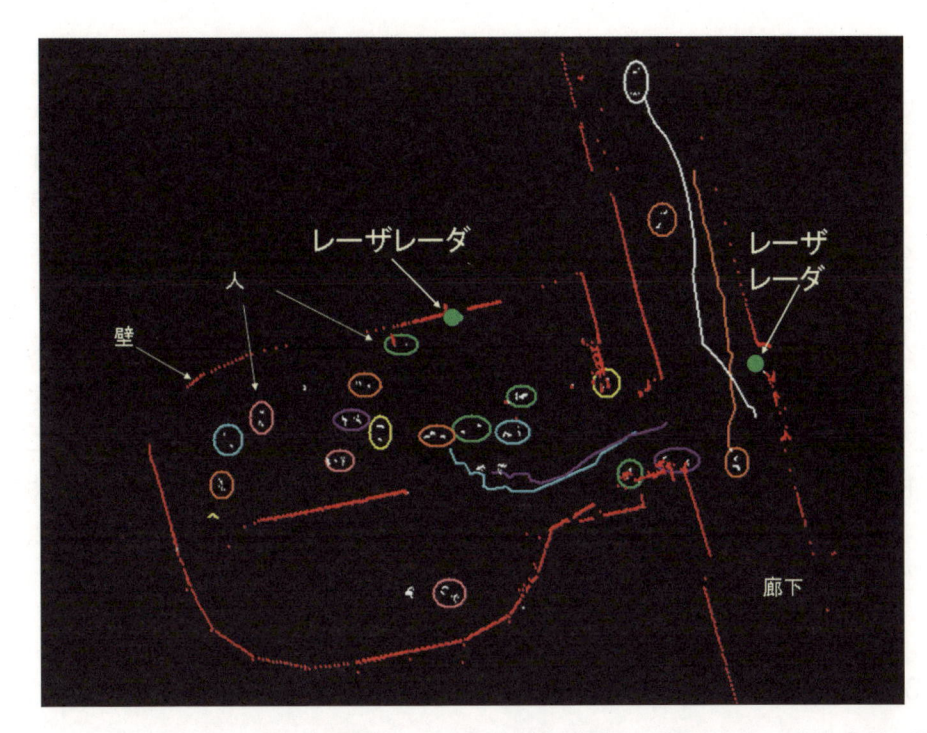

図 3-2-7　レーザレーダによる歩行者のトラッキング事例（展示会場における例．部屋の壁が赤い線で表現され，室内や外の廊下を移動する人間が丸印で示されている．）

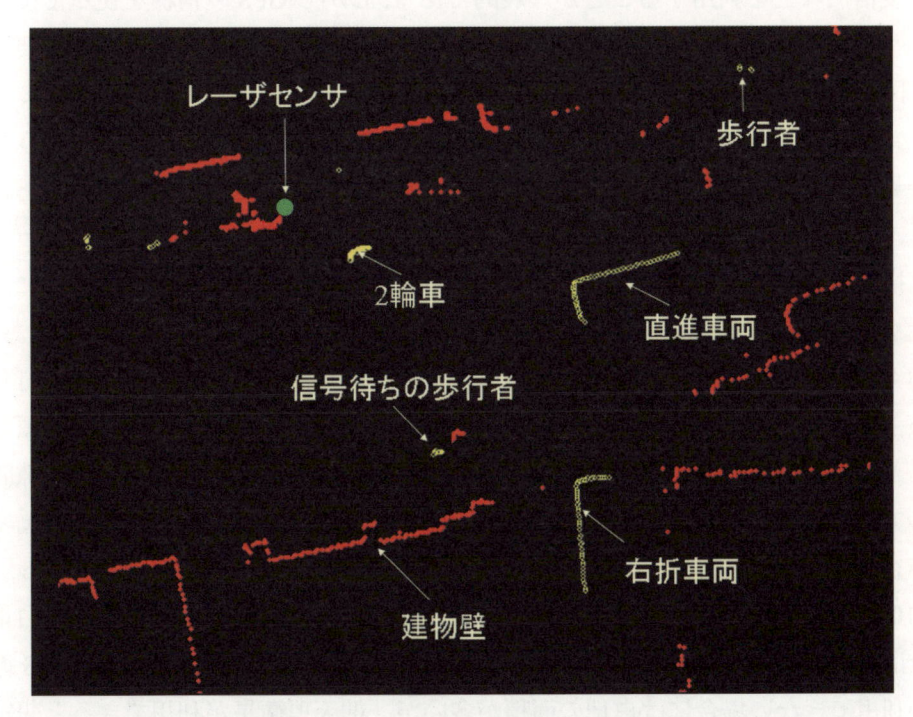

図 3-2-8　交差点における自動車や歩行者，二輪車などの計測事例

図 3-2-6 はレーザレーダを利用した歩行者のトラッキングシステムの考え方を示している．床におかれた小型のレーザレーダから水平にレーザビームをスキャンすることで，床上 10cm から 20cm のところの断面図を描き，それを 1 秒間に数十回繰り返すことで人の動きをトラッキングしようというものである．図 3-2-7 は展示会場のパネルの前で何人もの人が説明を聞いている様子やその周りの人の動きをトラッキングしたものである．部屋の壁が赤い線で表現され，室内や外の廊下を移動する人間が丸印で示されている．レーザレーダは対象物の形状をそのまま捉えることができるため，対象物の認識やトラッキングが比較的容易であること，また位置計測の精度が数 cm 程度であり，ビデオカメラなどに比べて精度が大変良いことなどが特徴である．図 3-2-8 は交差点にレーザレーダを設置して走行する車両や歩行者，二輪車を計測した例である．車両と人間とのニアミスなどをリアルタイムで捉えることができると期待される．

3.2.3. 利用者自体の移動や動作を読み取る技術

　利用者自体の動きや位置を捕まえるためには，GPS 携帯電話に代表されるように GPS 受信機などを利用することが一般的である．しかし GPS 受信機を使って位置を求めるためには利用者から最低 4 つの GPS 衛星を同時に直視できることが必要である．図 3-2-9 は東京都庁の前に立って空を見上げたときの衛星の見え方をシミュレーションにより再現したものである．図の中心が天頂に対応する．GPS 衛星のうち，直接見えるものはこの時刻で 3 つしかなく，測位を行うには数が足りないことがわかる．実際に天空には多数の GPS 衛星が存在するがその多くはビルの陰になっていて直接見ることができない．こうしたビルの谷間でも見ることができるように天頂の近くに衛星を配置しようというプロジェクトが準天頂衛星プロジェクトであり，2008 年頃の打ち上げを目指している．準天頂衛星は全部で少なくとも 3 基の打ち上げが予定されているが，一日のうち 8 時間程度は少なくとも一つの衛星が天頂付近にとどまるように軌道が決定されているため，図 3-2-9 に示すようにビルの隙間を通じて常に見ることができる．GPS と組み合わせて利用することで大都市の高密度な市街地でも屋外では位置を計測できる可能性が広がると期待されている．図 3-2-10 はその地点から直視できる衛星の数を地図にしたものである．図中の白地の部分は測位に必要な 4 基の衛星を見ることができない地点を示している．GPS 衛星しか利用できない場合には白地の面積が多いが，準天頂衛星が利用できると想定し

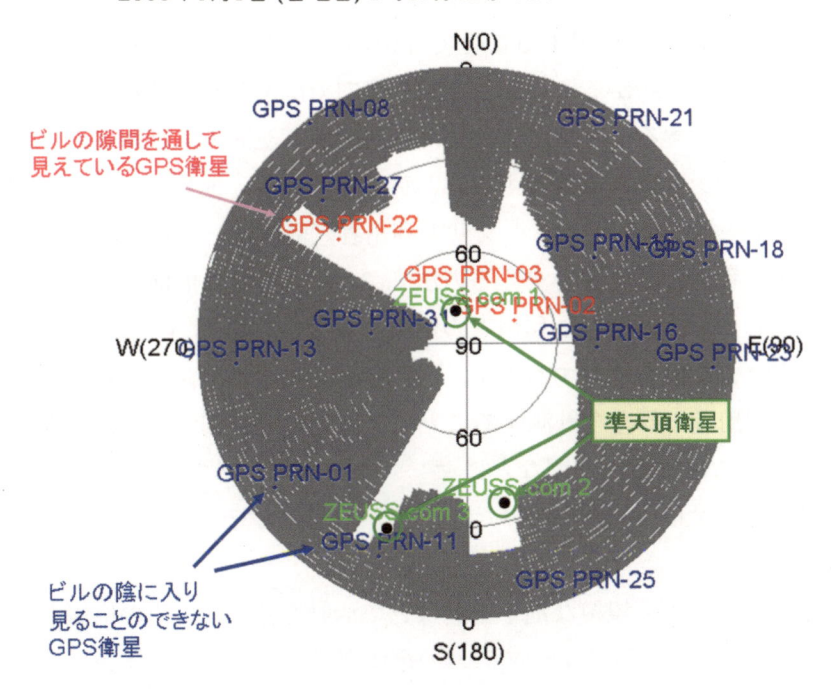

図 3-2-9　高層ビル街における GPS 衛星と準天頂衛星の見え方のシミュレーション

図 3-2-10　直接見ることのできる衛星数の空間的な分布

た場合には，ほとんどなくなることがわかる．

このように準天頂衛星を利用することで都市部でも屋外では衛星測位の利用可能性は相当広がることがわかる．しかしながら屋内ではやはり衛星を直視できないため，衛星測位を利用することはできない．屋内や地下空間でも利用者が位置を知るためには補完的なシステムを整備することが必要である．補完的なシステムとしては，1) 超音波や電波を利用してセンサと利用者（受信機）との間の距離を計測し，それをもとに利用者の位置を決める方法，2) 利用者（受信機）が受信する信号の強さを計測し，それをもとに利用者の位置を決める方法，3) 信号を受信したという事実をもって位置を特定する方法，4) 加速度センサやジャイロセンサを利用者に装着し，利用者の動きを計測することで位置変化を計測する方法などがある．1) から 3) までの方法は室内空間などにセンサを設置する必要がある．4) は位置の変化や相対的な位置しかわからないため，1) から 3) までの方法を補完するものとして位置づけられる．

図 3-2-11 は消防隊員が大規模な地下空間などで活動する際に，その位置を絶えずモニタリングするための位置特定システムの全体構成である．消防隊員は高精度な加速度計とジャイロからなる慣性航法装置を装着する．しかし高価な慣性航法装置

図 3-2-11　消防隊員のための位置特定システム

でも誤差の蓄積は避けられないため，補正方法の一つとして誘導灯に電子タグを装着する可能性を検討している．誘導灯は建物内部や地下空間など様々なところに設置されており，停電時でもバッテリーで点灯することができる．電子タグもその電力を利用することで災害時にも自らのIDを発信できる．消防隊員はそのIDを受信することで，自分の位置を知ることができ，その時点で慣性航法装置がもっている誤差をリセットすることができる．なおこうした誘導灯は平常時にも利用することが可能であり，一般の市民が位置を知るための重要な手掛かりにもなる．また，慣性航法装置も図のシステムのように数十分間の活動中に誤差を1m程度に抑えようとすると高価なものが必要となるが，近年こうしたセンサの小型化も進んでいるほか，単純に人が歩いたり，走ったりするときの振動を検知して，万歩計のように歩行距離などに変換するシステムもある．こうしたものを利用することで，まさに万歩計のように簡単に体に装着し，誘導灯と組み合わせることで位置を知ることができるようなシステムも実現が近い．

　なお測位システムの大きな目標の一つにシームレスな測位がある．シームレスな測位とは利用者が一種類の受信機を持つだけでどこでも位置を知ることができるという性能を意味しているが，これを実現しやすくするためには，一方で測位情報を提供する測位基盤側（GPSの場合には衛星がそれに対応する）が周波数選択や信号の形式などの点で配慮することが必要である．その一方で受信機もできるだけソフトウェア化し，ハードに頼る部分を少なくすることで汎用性を上げるなどの対策がある．しかし，消防隊員の位置決めシステムの例のように，電子タグデータを読んで位置誤差の補正をしたり，慣性航法装置を利用して位置や姿勢データを補完したりという場合には，受信機のソフトウェア化はより多くの信号や情報を統合することを可能とし，位置決定精度の向上や利用可能領域の拡大という点でも大変有効な方策となる．

3.2.4. コンテクスト，利用者の行動パターンからニーズを読み取る技術

　利用者の行動や周辺の状況から利用者がどのようなサービスを必要としているかを読みとる技術はもっとも開発の遅れている技術であるといえる．読者も全く興味のない内容の広告メールを多量に送りつけられて迷惑した経験をおもちであろうと思う．ほとんどの場合，いったん「迷惑なメール」というレッテルが貼られると，そこから送りつけられるメールはほぼ自動的にごみ箱に捨てられることとなる．

実際には多少の役に立つ情報が含まれているかもしれないのだが，利用者にとってはそれをいちいち開けて内容を吟味する時間はないのが通常である．こうしたことからも，必要なときに必要な場所で必要な内容の情報サービスをピンポイントで送ることの重要性が理解できる．

　実際に様々なサービスを立ち上げる場合には，どのようなタイミングでどのような利用者に提供するかはマーケティング調査の一環として調査され，その成果はサービスの内容などに個別には盛り込まれている．しかし，利用者のコンテクストから利用者のニーズを導く体系的なモデルや知識の体系が十分整備されていないため，個別調査の成果や発見は積み上がることなく，個々の担当者のノウハウとしてばらばらに蓄積されるだけに終わることが少なくない．そもそもこうした人間に関する知見や知識はノウハウの蓄積以上のものはなく，科学的，体系的な調査や知識の集積は必要ないという見方も実務担当者には根強く存在する．しかしながら，ここまで見てきたように，情報技術の進歩は個別の利用者の反応やその結果の行動を蓄積することを可能にしているし，サービスの内容を利用者の個人的な履歴に伴い変更することや提供のタイミング，場所などを自動的に選択することも容易になってきている．そのため，サービス生成に関するノウハウを体系的に蓄積・整理しサービス生成に反映させることができれば，そのサービスは他のサービスに対して非常に強く差別化されることになる．また利用者の反応データを用いて次々と改善していくことも可能になる．こうした観点からの技術開発が望まれている．

　こうした技術開発の端緒をつかむ試みとして，著者らが行った調査の結果を最後に紹介したい．これは利用者が保有している情報や知識により利用者の行動が実際にどのくらい違うものかを実証的に示そうという試みである．

　調査は浅草を対象に行われた．被験者は1時間程度自由に浅草を散策してくださいといわれ，雷門からスタートする．散策の前後ではインタビューが行われ個人的な属性や浅草に対するイメージ，訪問経験，浅草の代表的な「見どころ」のうちどのようなところを知っているか（聞いたことがある，行ったことがあるなど）に関する情報が収集された．その結果のうち，被験者が浅草に対して事前にもっていた知識の量と散策ルートとの関係を端的に示す事例を図3-2-12に示す．図左は浅草を比較的よく知っている訪問者の例である．被験者は知っているところは大体立ち寄り，結果的に広い領域を回っている．右は浅草をよく知らない訪問者の例であり，仲見世，浅草寺という人通りの多い一番分かり易いと思われるルートのみを回遊し，

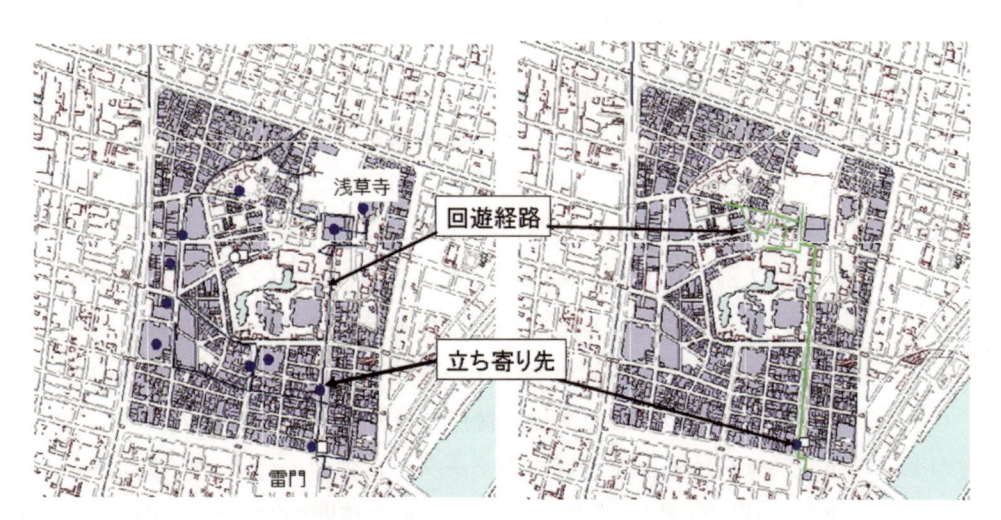

浅草を比較的よく知っている訪問者の例。
知っているところは大体立ち寄り、結果的に広い領域を回っている。

浅草をよく知らない訪問者の例。
仲見世、浅草寺という決まったルートのみを回遊し、空間的な範囲も限られている。

図 3-2-12　浅草散策において事前に浅草の見どころを知っていた被験者と知らなかった被験者における回遊経路や立ち寄り先の違いを表す典型的な事例

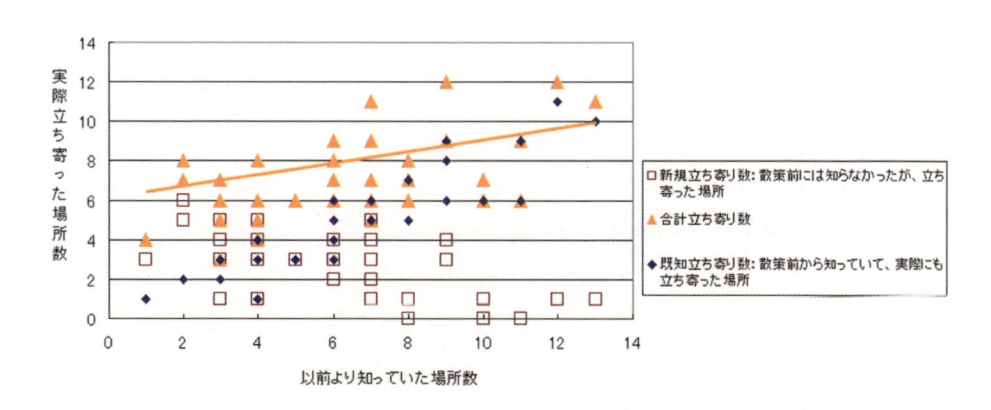

立ち寄り先候補に関する知識と立ち寄り状況

凡例:
- □ 新規立ち寄り数：散策前には知らなかったが、立ち寄った場所
- ▲ 合計立ち寄り数
- ◆ 既知立ち寄り数：散策前から知っていて、実際にも立ち寄った場所

横軸：以前より知っていた場所数
縦軸：実際立ち寄った場所数

図 3-2-13　立ち寄り先候補（見どころリスト）に関する事前知識と実際の立ち寄り状況

空間的な範囲も限られている．もちろん，これらは典型例ではあるが，被験者（全体で約 50 名）全体でも面白い傾向が見られる．各被験者について浅草の「見どころリスト」を用いて，訪問前から知っている箇所数と，実際にその知っている箇所のうち何カ所を立ち寄ったのか，さらに訪問前は知らなかったが今回立ち寄ったところは何カ所かを図示したものが図 3-2-13 である．これによると知っている「見どころ」のうち実際に 7 割から 8 割の箇所を実際に立ち寄っている．この比率はかなり安定している．一方，事前には知らなかったが実際には立ち寄った箇所ももちろんあり，当然，事前に知っている箇所が少ない被験者の方が箇所数は多くなっている．しかし，その和である全体の立ち寄り箇所数はやはり事前知識の少ない被験者の方が少ない傾向が見られる．また同一のデータからの他の分析では事前知識の少ない被験者の方が「迷い行動」「探索行動」の占める時間の割合が，知識の多い被験者に比べて多いこともわかっている．回遊した空間の広がりに関しての分析などはまだ行っていないが，知識や事前情報の広さは人間の行動の範囲やオプションを限定すること，逆にいえば，適当な情報の提供は人間行動を広げられること，たとえば，より広い空間を回遊してもらおうとすると，適切な情報サービスがキーになるかもしれないことなどが示唆されている．

3.3. LBS を支えるネットワーク

3.3.1. アドホックネットワークと LBS

　LBS は，初歩的なカーナビゲーションシステムのように単独の形で提供することも不可能ではないが，より高度なサービスを展開していくためには，アプリケーションを構成する端末間や，端末とサーバの間で情報をやりとりするためのネットワークが必須となる．

　LBS を構成するネットワークインフラとしては，携帯電話ネットワークや無線LAN のホットスポットサービス等既存の無線ネットワークを利用することができよう．しかしながら，屋外・屋内を問わず，また平常時・災害時を問わず，すなわち，空間的・時間的にシームレスに LBS を展開するためには，これらのネットワークを補完する新たなネットワークの導入を図る必要がある．

　このような観点から，われわれはインフラに対する追加投資がほぼ不要であり，安価に LBS を提供できる範囲を拡張できる柔軟性をもつアドホックネットワークの LBS への応用を検討している．アドホックネットワークは無線通信機能をもつ端末群のみから構成されるインフラストラクチャレスなネットワークであり，端末群のみで自律的にネットワークが構成されるので，いつでも「どこでも」自由にネットワークを構築できる柔軟性をもっている．しかしながら，従来型のネットワークに比べて，端末が自由に移動するため相互の接続が頻繁に切断される点や，ルートを再構成して再接続を頻繁に行うため遅延変動が大きいなど，安定な運用を行うにあたって種々の困難な課題が山積している．

3.3.2. 位置情報のネットワーク制御への利用

　LBS を提供するためには，まず端末の位置が何らかの手法により把握できていることが前提となる．GPS 内蔵携帯電話はすでに実用化されているし，ガリレオや準天頂衛星等新たな測位衛星も計画されている．また，3-2 でも述べたように，測位衛星を用いることのできないエリアなどでは，ID タグとリーダによる位置の同定を行うことも可能となる．さらに，地図情報とのマップマッチングや，より高度のコンテクストを把握することができれば，これらの情報を統合的に解釈し，より精度

の高い位置情報を把握することができる．また，歩行者のこれまでの軌跡やより高度の行動履歴から，端末の現在の位置のみならず，将来の位置を精度良く予測することも可能となる．これによって，無線 LAN のローミングや異種ネットワーク間の垂直ハンドオーバーをよりシームレスに行うことが可能となる．すなわち，ネットワーク間を越えた LOS の制御が可能となる．また，データの管理技術としては，ファイルダウンロードやストリーミング等のサービスを受けている場合，あらかじめ次に起こりうるネットワーク状況を察知することにより，ファイルの一部を次に端末が移動するエリアに近い所にプリフェッチしておくことなどの対策を取ることができる．さらには，より高度に利用者の将来の LOS を察知して，予測的にサービスあるいはサービスインタフェースを提供するプロアクティブなサービス提供をする基盤ともなるであろう．

　一方，昨今の GPS 携帯電話や ID タグの低廉化に見られるように位置情報機能を付加すること自体は技術・コスト面では問題とならなくなりつつある．したがって，LBS 基盤となるアドホックネットワークを構成するほとんどすべての端末が位置情報を入手可能であると考えるのが自然である．したがって，単に位置情報を LBS のために用いるだけでなく，逆にアドホックネットワークの制御に用いることは自然の流れである．3.3.3.以下ではこれについて詳述する．

3.3.3. 位置情報を用いたアドホックネットワークの制御

　位置情報をアドホックルート構築に用いる手法は，すでに LAR [Ko 1998], DREAM [Basagni 1998], GPSR [Karp 2000] などいくつかの先行研究例がある．このうち，LAR や DREAM などはルート構築要求パケットをブロードキャストによって中継するフラッディングベースのプロトコルである．すなわち，存在する無線リンクすべてに対して経路構築要求パケットを送信することを試みるため，経路構築の成功確率は高いが，帯域や端末電力の消費が非常に大きく，またこれらがネットワークの規模に比例して大きくなるためスケーラビリティがない．すなわち，LBS 基盤となる実用的な大規模現ネットワークに対しては，現実的なものとはなりえない．

　一方，フラッディングを行わないホップバイホップベースのプロトコルである GPSR は，経路構築の成功確率を犠牲にするが，制御パケット数は少なくて済む．しかしながら，GPSR は端末が 2 次元平面上に拘束されていることを前提としたプロトコルである．GPSR においては，各ノードは各々の隣接ノード同士のテーブル

をもち，位置情報を保持する．ノード同士は定期的にビーコンを交換し，互いの位置を確認する．一定時間情報が更新されない場合はすでに隣接していないものとして，テーブルから除去する．目的地ノードの空間的位置は既知とするが，これを知るためには，たとえば **Grid Location Service**（**GLS**）[Li 2000] を用いる．

　通信を開始する際，図 3-3-1 のように送信端末はより目的地ノードに近い隣接ノードに対してパケットを送信する．中継ノードも同様にして中継することにより目的地ノードまでパケットが到達する．これは Greedy Forwarding と呼ばれる．

　しかしながら，迂回ルートしか存在しなかった場合，この方法では経路制御が不可能となる．この状態をデッドエンドと呼び，GPSR ではこの状態を回避するために，中継ノードは自分と目的地ノードを結んだ線から反時計回りに隣接ノードを探索し，最初に発見したノードに対してパケットを送信する．（Perimeter Forwarding）これにより迂回ルートを構築することが可能となる．しかしながら，この方式によって経路構築が理論的に保証されるのは端末が 2 次元空間に固定されている場合のみであり，現実的な 3 次元空間ではアルゴリズムが動作しない．このような観点から，われわれは 3 次元空間でも有効に機能するホップバイホップの経路構築のアルゴリズムを開発した．

　本手法の基本的なアイデアは，送信端末と受信端末を焦点とする楕円体を利用す

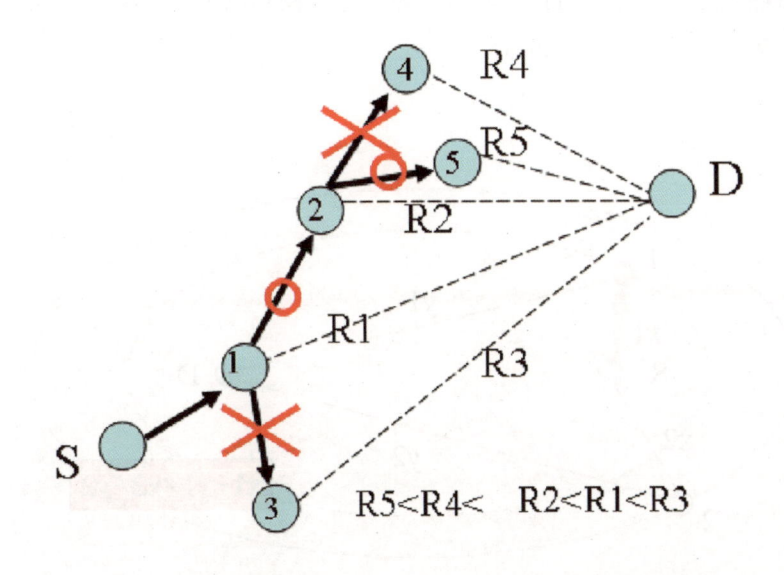

図 3-3-1　GPSR の Greedy Forwarding

るものである．送信端末と目的端末を焦点とする楕円体は無限に考えられるが，送信者の各隣接ノードを楕円対上の1点とすると，それぞれについて楕円体が一意に決定される．送信者は各隣接ノードについて楕円体を決定し，それらのうち，最も直線に近い楕円体上に存在するノードを次ホップノードとして決定するための値として，送信者は次式の値を計算し，隣接ノードiの値とする．

$$X_i+Y_i$$

ここで，X_iは送信者と隣接ノードiの距離，またY_iは隣接ノードiと目的値ノードとの距離である．

たとえば，S の隣接ノードとして図 3-3-2 示すようにノード 1 とノード 2 が存在した場合，S は X_1+Y_1 および X_2+Y_2 を計算する．図 3-3-2 の場合は，

$$X_1+Y_1 < X_2+Y_2$$

であるので，次ノードとして 1 が選択されることになる．

つぎに，本手法の性能評価を行った．評価基準は 3 次元空間における経路構築の成功確率である．GPSR の Perimeter Forwarding は適用不可能であるため，フラッディングベース，GPSR の Perimeter Forwarding，および提案手法である．

シミュレーション条件は 50m×50m×20m の 3 次元空間にノードをランダムに配置する．各ノードの通信半径は 10m とし，10 秒間停止した後，次のランダムに選択された目標地点まで時速 4km で移動することを繰り返すモデルである．また，トラヒックモデルもランダムである．

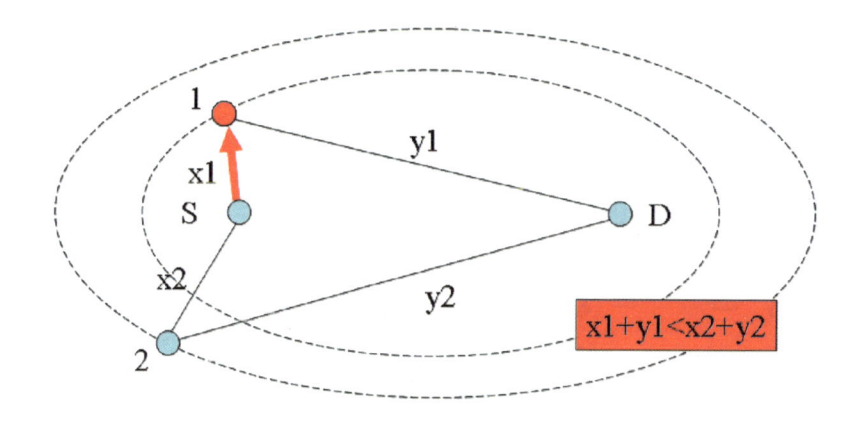

図 3-3-2　提案手法の原理

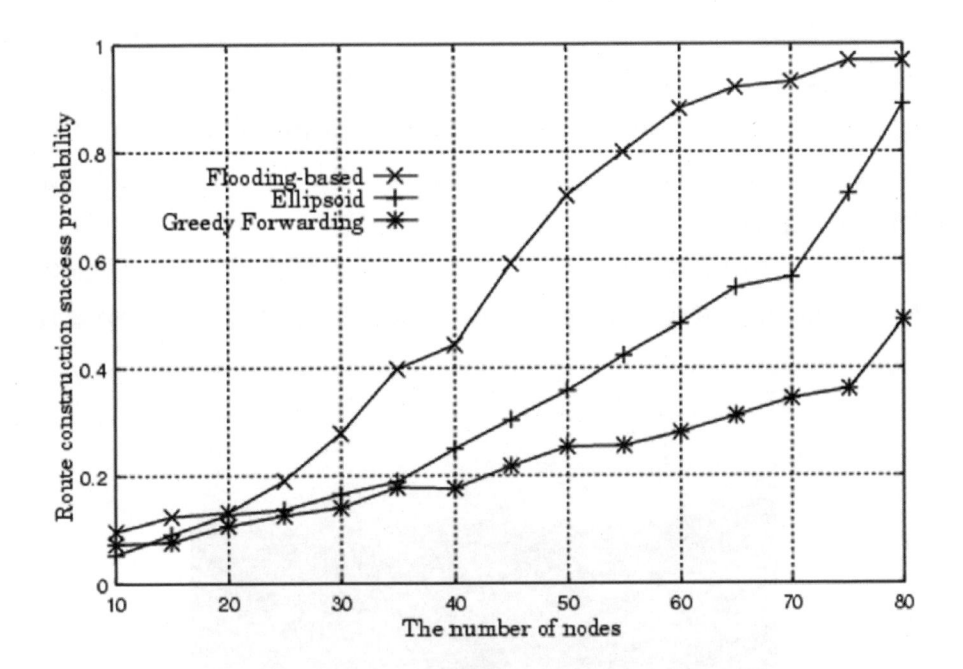

図 3-3-3 経路構築成功確率

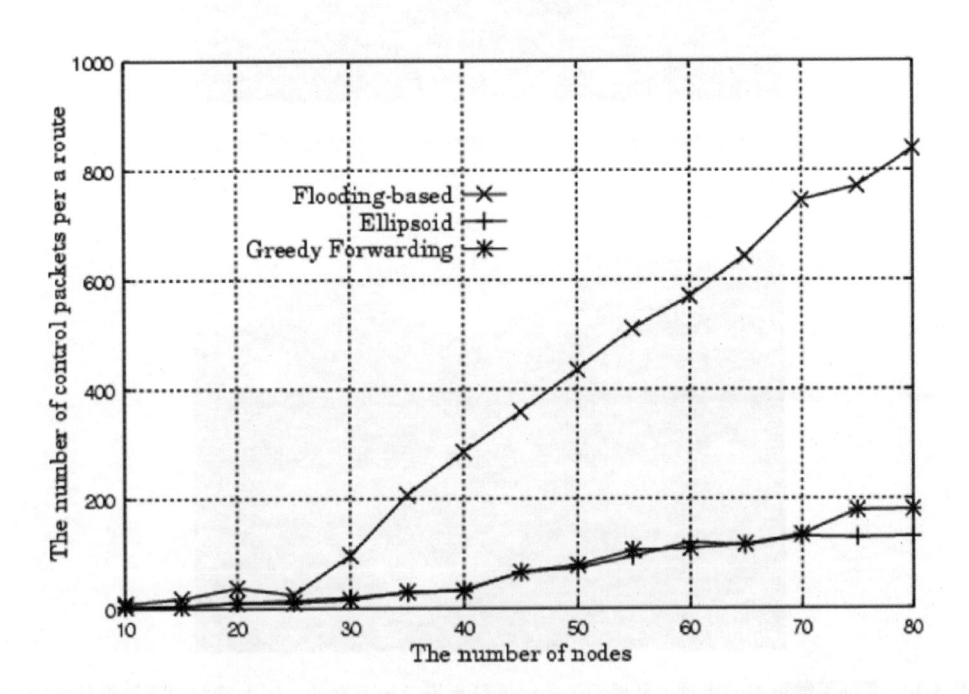

図 3-3-4 制御パケット数

結果を図3-3-3, 3-3-4に示す．ラッディングベースが経路構築成功確率が高いが，制御パケット数がノード規模に対して線形的に増加する．これは無駄なトラヒックと電力消費につながり大規模ネットワークにおいては問題となる．ホップバイホップのGPSRと提案手法では，制御パケット数は同等であるが，後者の方が経路構築確率が格段に改善されている．

　また，本提案の動作を確認するため，IEEE802.11b 無線 LAN を用いた実証実験を行った．外部的な電波擾乱がほぼ皆無である環境を求め，重要実験は会津高杖高原

図 3-3-5 位置情報に基づくアドホックネットワークの実証実験

図 3-3-6 実証実験現場の風景：夏場のスキー場駐車場であるため，広大でかつ電波擾乱がほとんどないほぼ理想的な実験環境である．

スキー場の駐車場で行った．

図 3-3-5, 3-3-6 のように，PC 端末に GPS と上記ルート構築アルゴリズムを実装し，1 ホップでは到達しえない距離と障害物環境下の下で複数台の PC 間でのマルチホップリンクを確立させた．また，このリンク上で Real Player による Streaming Application が円滑に動作することを確認している．さらに，車々間マルチホップアドホックネットワークへの展開を目指し，上記システムの 10km/hour の低速走行時でのリンク接続を確認した．

また，上記アルゴリズム単独では図 3-3-7 に示すように，障害物の多い屋内空間

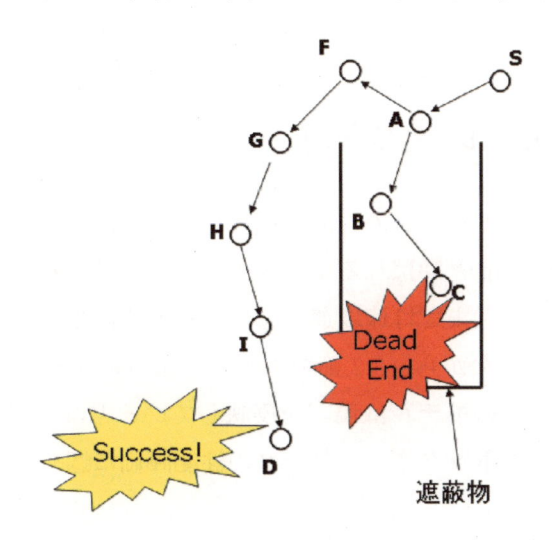

図 3-3-7 電波的障害物のある場合のデッドエンド

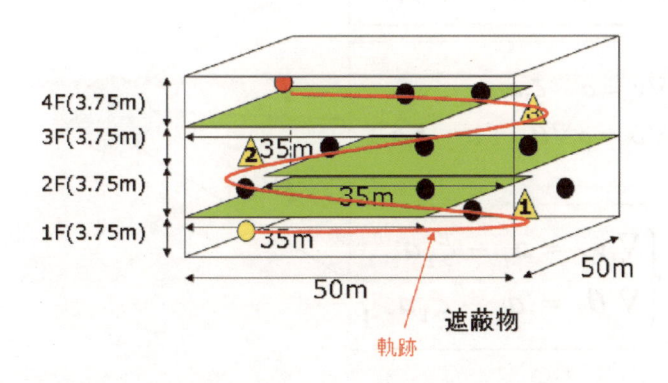

図 3-3-8 3 次元空間における Reference Point

などでの性能が劣化する．そこで，このような「袋小路」に陥らないために，あらかじめ，空間上の電波障害が起こりにくい地点を地図データからアプリオリに得られるものとしこれを Reference Point（RP）として規定し，これを手がかりにルーチングを行うことにより性能をさらに向上させた．RP は必ずしも中継端末が存在する点ではなく，ルート構築の手がかりとなる「位置」のみを示すものである．

図 3-3-8 のような多数のフロアが多層かつ複雑に垂直方向にも広がっている屋内空間においても，Greedy Forwarding に比べ格段の性能改善が図られる．すなわち，本手法は，高層ビルや地下街などの災害時に屋内ネットワークインフラがシステムダウンした場合の代替通信手段としても有望である．

3.3.4. モビリティモデルと位置予測

従来，アドホックネットワークの性能評価においては，端末のモビリティモデルとして，Random Way Point と呼ばれる単純なモデルが用いられてきた．これは，端末がある地点から別の地点まで等速度運動し，一定期間停止するという動作を繰り返すものである．しかしながら，3.2.節でも示したように歩行者の実際の空間移動はランダムではなく，このモデルは現実を反映しているとは言いがたい．

われわれは，よりアドホックネットワークの性能評価に適したモデルの構築を目

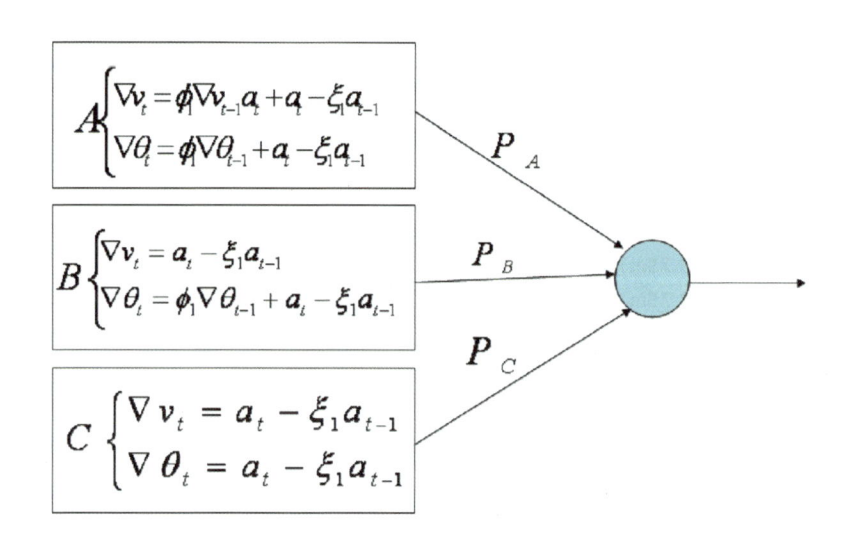

図 3-3-9　AR 過程複合型モビリティモデル

指すと共に，このモビリティモデルをもとに将来の端末位置を予測することを検討している．

モデルの正確性とシミュレーションの容易性はトレードオフの関係にあるため，必ずしも正確なモデルが好ましいとは限らないが，たとえば，現在のところ図3-3-9のA,B,Cに示すように速さと方向がそれぞれ，AR（Auto Regressive）モデルで推移するモデルを基本とし，これらのARモデルがある滞在時間分布の元で切り替わっていくモデルが有望であると考えている．現在，数種のモデルを比較検討し，モビリティモデルに基づく予測に基づき，ルート変更をネットワークトポロジーが変更される前に防衛的に行い，リンク切断に伴う遅延変動を大幅に低減する手法の検討を行っているほか，より高度なプロアクティブサービス提供のための枠組みの構築を行っている．

3.3.5. アドホックネットワーク省電力化

LBSで用いられる端末は携帯型であることが仮定されるので，外部電源を用いる場合は少ない．したがって，実用的なレベルまでシステムの寿命を延ばすためにはアドホックネットワークの省電力化を図る必要がある．すでに述べたルート構築時

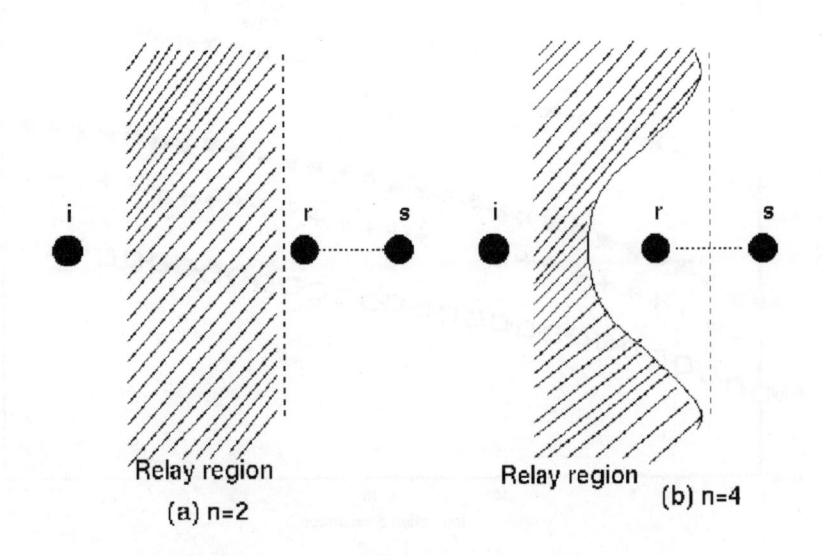

図 3-3-10　べき乗減衰型パスロスモデルの場合のリレーリージョン

の制御パケットの抑制はこのための手段の一つであるともいえる．この他にも電力消費の少ない経路選択を行うことも有効である．

今，端末間の距離を d とし，無線のパスロスモデルが $p \sim 1/d^n$ に従い，端末の消費電力も p に比例するものとする．送信端末は，無駄な電力消費を避けるため，原則として送信電力を絞り受信端末に必要かつ十分な電力で送信を行うものとする．

以上の仮定の下で図 3-3-10 の送信ノード s から受信ノード i への送信を行う．直感的には，中継ノードを経ずに直接受信ノードへ送信を行った方が電力消費の観点からも有利に思われるが，実際には総電力消費は中継ノード r で中継を行った方が少なくなる場合がある．中継ノードが図中の斜線領域に存在する場合がこれに相当する．この考え方でルートを選択する方式が MTPR（Minimum Total Transmission Power Routing）である．

しかしながら，この方式では，特定の経路が選択される確率が高くなるため，電池寿命が不均一となり，ある時点からネットワークの接続性が急激に劣化する．一方，残余電力が最も十分残っているノードを経由するルートを選択すると，電池寿命は均一化する．これが MBCR（Minimum Battery Cost Routing）である [Sihgh 1998]．

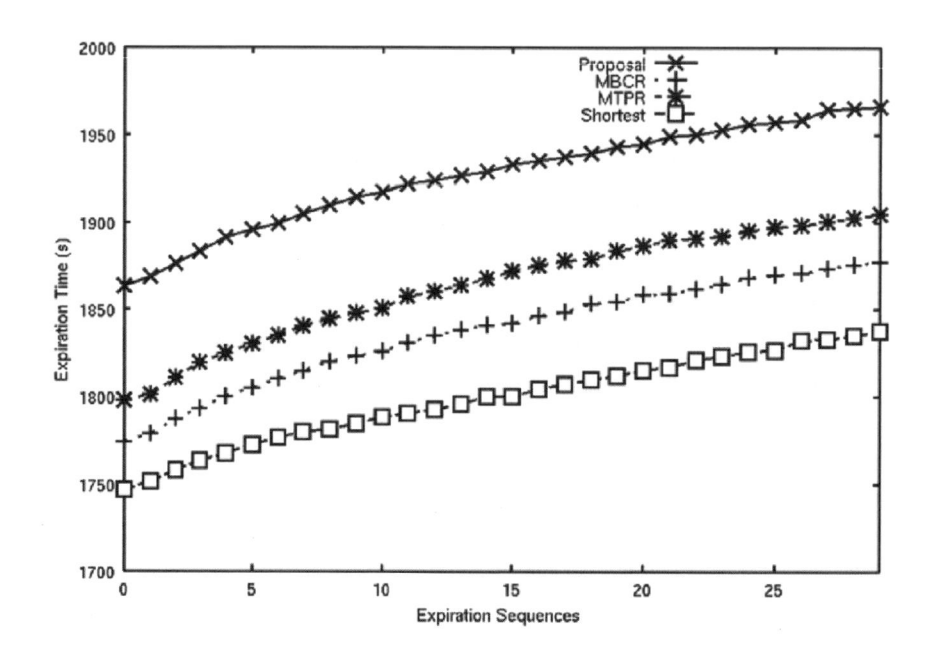

図 3-3-11　省電力ルーチングアルゴリズムの特性評価

しかしながら，この方法ではシステムとしての寿命は小さくなってしまう．われわれは，この 2 つの矛盾する要求を巧妙にバランスさせるアルゴリズムである Min-Max Battery Cost Routing を開発した．

図 3-3-11 は，電池切れとなる順に電池寿命を並べたものである．提案手法は，MTPR, MBCR に比べ，電池寿命の均一化と長寿命化の両者を実現している．

3.3.6. センサネットワークの省電力化

多数のセンサノードを無線リンクにより自己組織的に結合することにより，温度・輝度・騒音等の環境情報を取得するシステムである無線センサネットワークは多様なコンテクストを入手し，LOS を実現するための基盤となる．ネットワーク制御の側面からは，アドホックネットワークで用いられている様々な技術はセンサネットワークにも適用可能である．さらに，センサネットワークにおいては，データ集約を行う際に，属性データとその空間的位置が関連づけられていることを利用した省電力化とトラヒックの削減を行うことができる．

具体的には，図 3-3-12 に示すように，センサネットワークから収集したデータを外界に送出する接続点である sink node へデータを送信する際に，センサノード群を

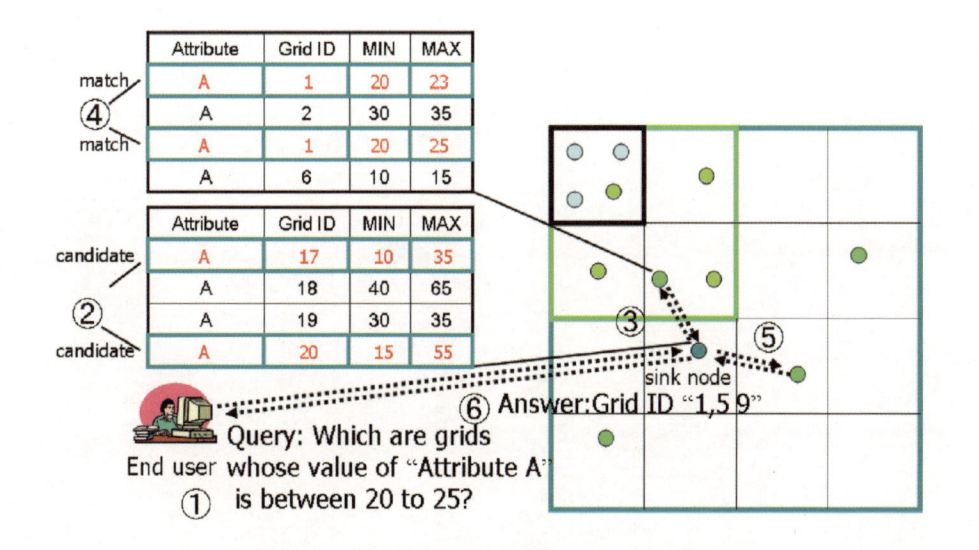

図 3-3-12　センサノードの空間的位置に基づく多段情報集約

空間的にグリッド状に階層的し，グリッドの一つをクラスタヘッドとして上位のクラスタヘッドに向けて情報集約を行う．このような方式を取ることにより，P2P ネットワークで従来用いられてきた DHT（Distributed Hash Table）に比べトラヒック量を大幅に削減することができる．このように，センサネットワークにおいては，データの位置情報を積極的に利用することにより，データ登録・クエリ配信の効率化を図ることができるのである．なお，クラスタヘッドを適応的に変更することにより，さらにセンサ群を長寿命化させることも可能である．

3.4. 空間コンテンツ融合

3.4.1. 現実空間とサイバー空間の隔離と融合

現在，サイバー空間（Cyberspace）は，インターネットが創り出す情報空間として発達している．いうまでもないが，インターネットは日常的に使われている．しかし，このようにインターネットが普及したのはまだほんの最近であり，インターネット自身は 5 年から 10 年前くらいにやっと社会に受け入れられるようになった文化と考えることができるだろう．インターネットあるいは遠隔通信（telecommunication）が出現する以前は，情報アクセスを行うためには，地理的な制約がたくさんあった．たとえば，書籍や資料を見るためにはそれらが置いてある部屋や図書館に行かなければならないとか，人と話すためにはどこかでその人と会わなければならなかった．また，われわれ人類は，そのような空間的な連想記憶として，情報を記憶する能力が発達している．このように，情報と位置（あるいは，地理）とは，もともと密接につながっていた．それが，遠隔通信という技術の出現により，地理的制約を排除できるようになった．以下に，ウィリアム・ギブソン著の『ニューロマンサー』で創り出されたサイバー空間の定義をあげる．

「サイバー空間（Cyberspace）とは，遠隔通信を利用し，物理的地理制約から解放された，人間とコンピュータとの相互結合」 [Gibson 1984]

インターネットの使われ方の現状を見てみると，最もよく使われているのは検索エンジン Google ではないだろうか．Google を使えば，インターネット上にある様々

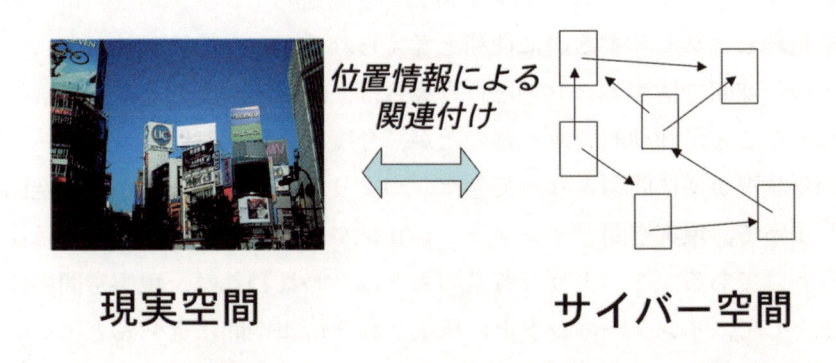

図 3-4-1　位置情報キーによる現実空間とサイバー空間の相互参照

な情報をキーワードで検索できる．この意味で，インターネット自身が巨大な百科事典，あるいはそれ以上の存在になっているといえる．つまり，Google を使えば，様々な有用な情報を簡単にたくさん集めることができる．情報取得に関して，これは人類始まって以来最も便利な環境である．今では，Google がないと仕事もできない人が多くなってきたと考えられる．そのくらい情報空間がインターネットの中に集中してしまったといえる．この傾向は今後ますます進んで行くだろう．一方，渋谷のある本屋に関する情報が欲しいと思ったときに，インターネット上にはたしかにその本屋のホームページとしてあるはずだが，緯度経度のような位置情報をキーとして使ってその情報にアクセスすることはできないというのが，現在のインターネットの状況である．しかし，どうしてもそのホームページにアクセスしたい場合は，そのホームページに含まれているであろう特異なキーワードとして，渋谷とか書籍などを検索キーとして入力して，あくまでもテキストマッチングの枠組みで探しているのが現状である．われわれは，その本屋のある場所は分かっているので，地図の視覚的インタフェースを使って，直接的にホームページにアクセスしたいのだが，現在のインターネットあるいはウェブの枠組みではこの機能は提供されていない．この現象を言い換えると，遠隔通信普及以前は，情報アクセスには地理的な制約があったので，その情報を取得するためにはその情報が存在する場所に行くという枠組みで情報アクセスを行っていた．つまり，渋谷に行けば，当然，渋谷の情報は取れるわけである．この空間アクセスのメタファ（metaphor）をバーチャル空間に応用した身近な例がコンピュータのデスクトップである．デスクトップでは，現実空間の机の上の環境をコンピュータ上で実現し，われわれの空間連想記憶をうまく発揮できる視覚的インタフェースが実現されている．同様に，机の上だけでなく，現実空間そのものをバーチャルで実現する視覚的インタフェースは，現実空間の情報を整理しアクセスするのに便利と考えられる．しかし，前述したように，現在のサイバー空間で情報アクセスを行う場合は，距離的な制約とか，地理的な制約がなくなったことが画期的であったのだが，今度は，現実空間とサイバー空間が隔離している状況が逆に問題となってきた．つまり，サイバー空間が現実空間から孤立してしまって，現実空間とインタラクションがなくなって日常環境では使いにくいというわけである．このような背景のもとに，われわれは，現実空間の位置や場所をキーとして，インターネット上に構築される情報空間にきちんとアクセスできる枠組みあるいは仕組みの実現方法を研究している [有川 2002]．次節では，研究の具体例を 2 つ紹介する．一つめは，デジカメ写真やビデオ映像などの映像を空間

キーで検索・統合する枠組みの提案であり，もう一つは様々な文書を空間キーで検索・統合する枠組みの提案である．

3.4.2. 映像を対象とした空間コンテンツ融合

　われわれは，特に，位置情報と関係するコンテンツとして，写真に代表される映像を対象に，高精度な3次元座標の位置情報と方向情報をキーとして用いて写真同士を連携させたり，写真を背景にしてテキスト情報を注釈として重ね合わせて提示させる枠組みを体系化し，プロトタイプシステムを実装した．このような研究を行う背景としては，屋外でのインターネットの利用を考えた場合に，現実空間型利用者インタフェースとして拡張現実感（Augmented Reality）に代表されるように，現実空間そのものにアンカーや視覚情報を直接的に配置する環境が一つの理想的対話環境と考えられている点がある．この利用者インタフェースを実現するためには，センチメートルオーダーの高精度な位置情報サービスの実現を前提としている．しかし，現在のGPSなどの広域位置情報サービスは，このような高精度の位置情報を保証する枠組みにはなっておらず，屋外における拡張現実感の実用システムは現在のインフラのもとでは実現できない．一方，2002年5月に国土交通省国土地理院の電子基準点リアルタイムデータ提供が開始され，数年後には，GPS携帯電話でもセンチメートルオーダーの位置情報の測位が可能になるかもしれない．このように高精度な位置情報サービスが実現すると，人は歩きながらでも，どの辺りの風景が視界に入っているのかを正確に測定することが可能となり，人が見ている風景に視覚的あるいは音声的に，様々なデジタルコンテンツ情報を重ねる拡張現実感を実現できる基盤が整う．将来は，高精度な3次元位置情報と広域無線ネットワークを用いて現実空間とサイバー空間を融合し，現実空間を介したインターネット利用やヒューマンナビゲーションの枠組みが実現できるという展望を，多くのヒューマンインタフェースの研究者・技術者がもっている．このような背景のもとに高精度な位置情報と方向情報，つまり映像を撮影するカメラの状態を空間データとして獲得できた場合に，映像情報をサイバー空間と統合して利用する枠組みの提案を行う．

　従来の位置情報は誤差精度が2〜100mという粗い位置情報であり，小縮尺での現実空間のモデルを用いた情報サービスしか実現できていない．これに対しては，現実空間を天空から真下に見下ろした地図によるインタフェースが現実的な解法である．一方，将来，高精度な位置情報を用いることが当然となり，写真などのマル

チメディアコンテンツを地図上のある1点に配置することの意味が問われるようになるだろう．たとえば，現在は，写真を1点の位置として表現しており，それがカメラの位置であるのか撮影された対象物の位置であるのかという，当然明示的に表現しなければならない情報が曖昧に扱われている．このため，将来，高精度位置情報の利用が普及しても，利用者が想定した位置情報を用いた検索や統合が適切に実現できない場合が多くなるだろう．側面景観つまり人間の視界のように現実空間を地上から見たような映像においては，地図のような2次元ではなく3次元の位置情報を考慮する必要がある．この場合，1枚の写真のメタデータとして，カメラの状態である，位置・方向・画角の情報を利用すると，写真群の高度利用が可能となる．このような空間メタデータをもった写真群への問い合わせの例としては，「ある場所から見た映像が欲しい」，「今の場所から北に移動した場所の映像が欲しい」，「今見ている対象を別の角度から見たい」などが考えられる．これらは，現実空間の位置情報を用いて様々なマルチメディアコンテンツを連携させたり，たぐり寄せたりする枠組みである．このとき，問い合わせの形式として，映像を見ている「主体」と，映像の中に映っている「対象」それぞれの位置情報を一つのベクトルの始点と終点として用いることにより，使いやすく自然な利用者インタフェースを実現することができると考える．以下では，この枠組みに関して説明し，またこの枠組みに従って実装したプロトタイプシステムを紹介する．

　写真を空間データとして，また，空間データを提示する際のベースとして利用するために，撮影ベクトル場モデルの定義を行う．本モデルでは写真内のすべてのピクセルをジオコーディング(geocoding)することができる．ジオコーディングとは，もともと間接的な位置情報を北緯東経のような直接的な位置情報へ変換する処理を意味する．写真を特徴づけるカメラの情報を，空間メタデータとして写真データに付与することで，写真を空間データとして組織化できる．これは，付与された空間メタデータを用いて，写真平面を空間内の適切な位置に配置していくこととして捉えることができる．撮影ベクトル場モデルでは，風景写真のメタデータとして，その写真を撮影した際の視点と注視点の位置座標と画角を付与するが，視点から注視点へのベクトルを想定し，これを撮影ベクトルと呼ぶ．図3-4-2に示すとおり，1枚の写真を1本の撮影ベクトルに対応させることになる．

　ある地域で撮影された多数の風景写真群は，撮影ベクトルの空間的な集合に置き換えられる．これを撮影ベクトル場と呼ぶ．図3-4-3に撮影ベクトル場の例を示す．空間メタデータは写真1枚の単位で付与されるが，それらの空間メタデータを利用

することで，写真内すべてのピクセルに対して3次元絶対座標を算出することができる．本モデルの詳しい定義は，藤田，有川，岡村（2004）を参照されたい．

　写真上の各ピクセルがジオコーディングされることで，写真を身近な空間情報を提示する際のベースとして利用できる．一例として，ここでは建物名や店舗名等の空間情報を写真上に注釈として自動的に配置し，クリッカブルな注釈付きの写真を生成する．この枠組みにより，写真，地図，ウェブを連携させることができる．これによって，位置情報をもった注釈を写真上の適切な位置に自動的に重ねて表示させることができる．図 3-4-4 にこの過程を示す．各注釈に付与するメタデータは，

図 3-4-2　撮影ベクトル

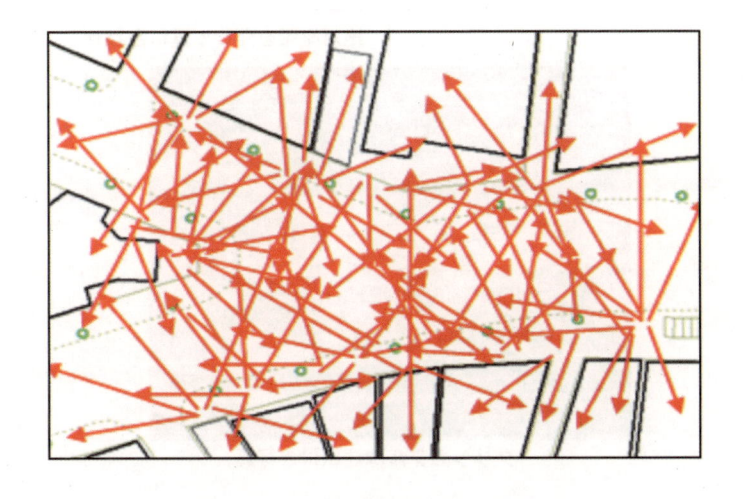

図 3-4-3　撮影ベクトル場

実空間における3次元絶対座標のみである．すべての写真に対してその写真座標系での局所座標を保持する必要は無い．写真上の各ピクセルの3次元絶対座標を算出することができるため，注釈に3次元座標をもたせることで，注釈はその点が写っているすべての写真上の適切な位置に配置される．視点から注釈を配置する位置までの実空間での距離が計算できるため，距離に応じて，近い注釈は大きく，遠い注釈は小さく表示するといったことも可能である．さらに，注釈に URL をもたせることで，写真をクリッカブルなものにすることができる．

注釈に3次元座標をもたせ，写真データと独立して管理することで，注釈のデー

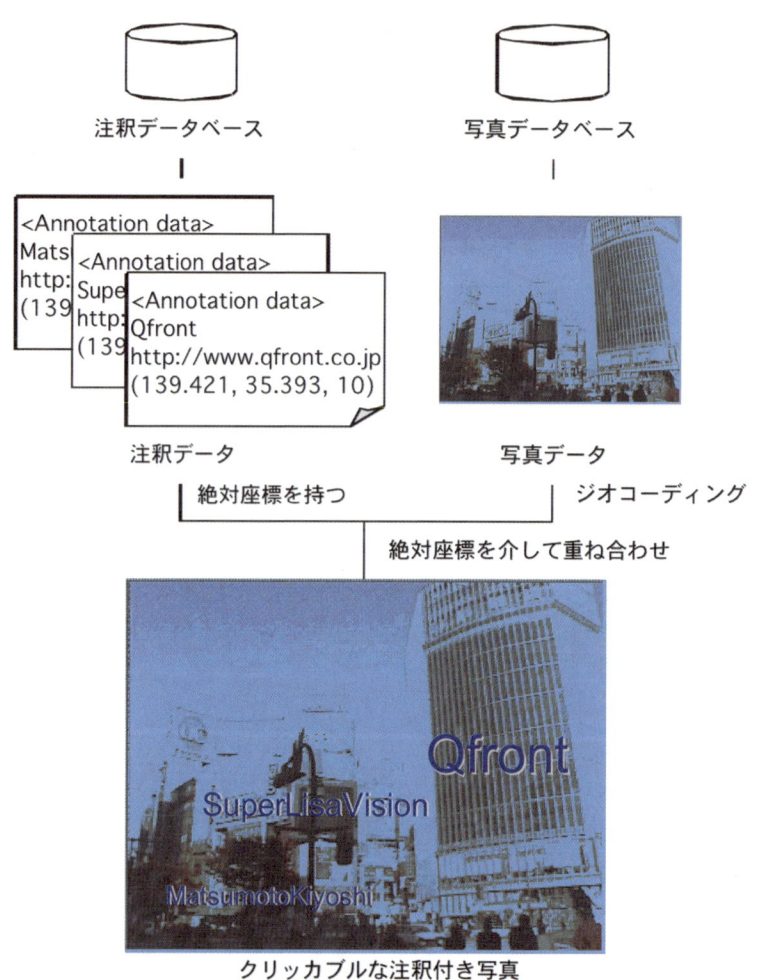

図 3-4-4　注釈の配置

タの再利用性が高まる．たとえば，本節で示したとおり，一つの注釈を複数の写真で用いることや，既存の2次元のデジタル地図上に配置することも可能となる．クリッカブルな注釈付きの写真は，写真に写った内容に対して，位置座標やURLを結びつけたものである．この枠組みにより，写真と2次元の地図，そしてウェブが連携し，たとえば以下のようなことが可能になる．

- 写真を通してウェブページを選択・閲覧する
- 写真と地図を互いから検索する
- ウェブページで扱われている店舗等の写真や地図を検索する

撮影ベクトル場モデルに基づいたプロトタイプシステムを実装した．GPSやジャイロセンサを搭載したカメラを用いることで，空間メタデータを自動的に付与しながら，大量の写真群を撮影した．撮影地は渋谷駅ハチ公前交差点である．本システ

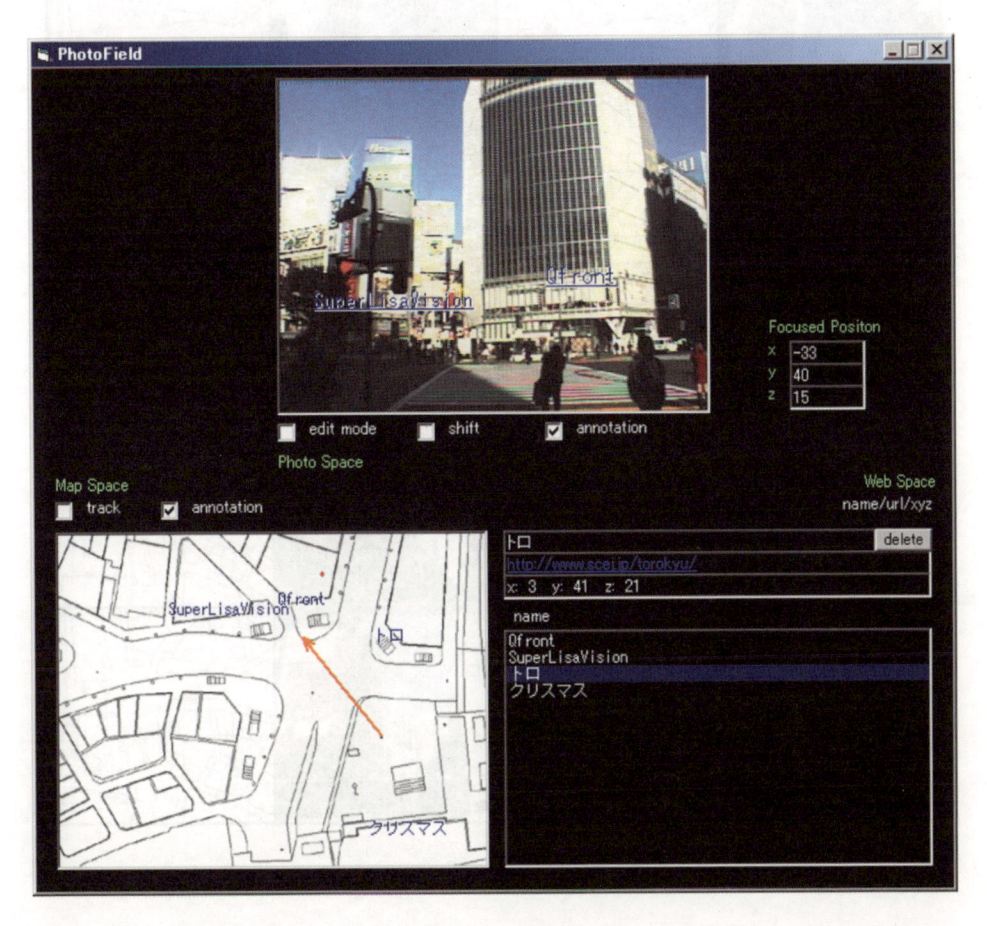

図3-4-5　プロトタイプシステム "PhotoField" のグラフィカル利用者インタフェース

ムでは，得られた写真群を用いて，擬似 3 次元空間を自動的に構築した．映像中への注釈の配置や，写真による擬似 3 次元空間と 2 次元のデジタル地図やウェブといった他のメディアとの連携も実現した．図 3-4-5 がプロトタイプシステムのグラフィカル利用者インタフェースである．

　本システムは，写真による擬似 3 次元空間，2 次元のデジタル地図，注釈リストの 3 つのインタフェースをもっている．2 次元の地図上には現在の写真に対応する撮影ベクトルが矢印として表示されており，写真が切り替わると，地図上の撮影ベクトルも変化する．利用者の操作により，様々な移動を表現する映像が自動的に生成される．図 3-4-6 にパノラマ映像とオブジェクト映像に関して，映像を構成する

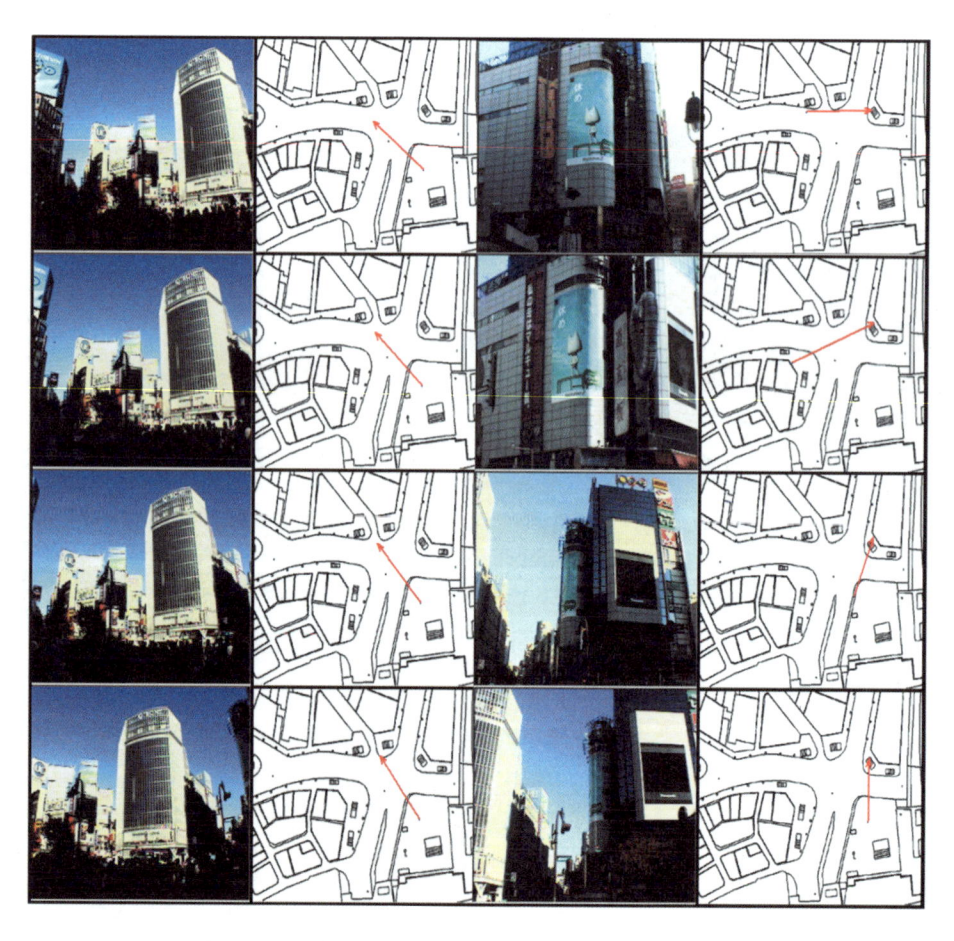

(a) パノラマ映像　　　　　　　(b) オブジェクト映像

図 3-4-6　生成される映像と対応する撮影ベクトル

写真群と，それに対応する撮影ベクトル群の変化の様子を示す．

3.4.3. 文書を対象とした空間コンテンツ融合

多くの文書データには，そのデータが作成された場所や著者の住所，あるいはある場所の参照情報など，現実空間の位置の情報が含まれている．このような多様な文書データを現実空間の位置で検索・管理することは，情報の活用可能性を広げ，利用を高度化させる．一般に，位置情報というと緯度経度で表される2次元座標値が想定されるだろう．2次元座標値のように位置を数値で表したものを，直接位置情報と呼ぶ．直接位置情報を利用する代表的な応用例としては，GISやGPSが挙げられるが，直接位置情報が利用されているのは，特定の目的に作られた専門性の高いデータだけである．これに対し，住所や地名のように位置の情報を表しているものの，直接地図上に射影できない記述を，間接位置情報と呼ぶ．間接位置情報を含む文書は，一般文書データにも多数存在する．これらの間接位置情報を直接位置情報，つまり(x, y)へと変換できれば，文書データを地理空間に射影することができ，多様な検索や構造化が可能となる [相良・有川・坂内 2000]．

間接位置情報を直接位置情報へ変換する手法として，欧米を中心に従来よりジオコーディング（geocoding）が利用されている．昨今のモバイルコンピューティング環境の普及に伴い，位置に基づく検索・整理や，情報発信が今後ますます重要になると考えられるため，ジオコーディング手法を利用することでメディアの種類を超えて，位置に依存した様々なアプリケーションが一般利用者にも使えるようになるのが理想といえる．このようなインフラが整備されれば，現実世界とのインタラクションのある空間情報を日常的に利用できるようになるだろう．

本研究の対象とする文書データを，空間データとして利用する観点から分類する．最も代表的な空間データを扱う情報システムであるGISで利用可能な文書データには，地理データ（geographic data）と地理参照データ（geo-referenced data）がある．地理データは道路形状や行政界などの幾何的な情報を中心としたものである．地理参照データは，顧客データや道路交通量などの定量データが中心だが，IDなどによって地理データにリンクすることができるデータである．地理データも地理参照データも，特定目的用に多くの費用をかけて作成されるもので，一般利用者が日常的に利用するものではない．

さて，日常生活で利用される文書に含まれる情報には，待ち合わせ場所や宿泊先

など，住所や地名を含むものが多い．このような「空間的な位置情報を含むデータ」を「空間データ（spatial data）」と定義する．空間データには，「〇△町□番地で火災発生」「震源地は××沖50km」や「〇〇駅前の△ラーメンはおいしい」といった自然言語で記述された文章や，略地図，事故現場を写すニュース映像なども含まれる．

このような高級な表現は人間にとっては有用だが，そのままではコンピュータには理解できないため利用できない．そこで，XMLなどの半構造化表現を利用したドキュメント記述を用いて，表現の曖昧さを解消する手法が注目されている．たとえば「〇△町□番地で火災発生」というデータを「<spatial information><location>〇△町□番地</location>で<event>火災発生</event></spatial information>」のように記述すれば，コンピュータにとって格段に理解しやすくなる．

文書データを空間データとして分類すると，上述のように構造化のレベルによって3段階に分類することができる．まず自然言語や画像などの生データを「非構造データ（Non-structured data）」，XMLのような構造化文書表現を利用したデータを「半構造化データ（Semi-structured data）」，そして地理データや表形式データのように特定のフォーマットに従ったデータを「構造化データ（Full-structured data）」と分類する．これと直交する基準として，地理データのように位置を座標値で表現した直接位置情報データ（Directly-referenced spatial data）と，位置を住所や地名で表現した間接位置情報データ（Indirectly-referenced spatial data）に分けることができる．以上の組み合わせにより，空間データを図3-4-7のように6種類に分類することができる．以下ではそれぞれの頭文字を用いて，構造化－直接位置情報データをF-Dデータ（Full-structured, Directly-referenced spatial data），非構造化－間接位置情報データをN-Iデータ（Non-structured, Indirectly-referenced spatial data）のように表記する．

本研究の目的である空間文書データの高度利用を実現するためのシステムとして，空間文書管理システム（SDMS; Spatial Document Management System）を実装・開発し，有効性を示した．本システムでは，文章で記述されている文書データであれば（すなわち，画像や音声のようなデータは除く），分類した6種類の空間文書をすべて空間情報として利用することができる．たとえばレストランの情報であれば，ワープロで作成されたチラシやウェブページのようなN-I文書データもそのまま保存し，含まれている住所の情報を元に地図上で検索，閲覧することができる．以下，まず空間文書管理システムで利用する2種類の変換エンジンについて説明し，

つぎに空間文書管理システムについて説明する．

空間文書管理システムでは，間接位置情報を抽出して直接位置情報に変換するため，ジオコーディングを行う必要がある．ジオコーディングは，住所や地名文字列を解釈し，対応する位置の座標値（たとえば緯度経度）に変換する手法の総称である．欧米では GIS の基本機能として広く利用されているが，日本では，単語の間に空白やカンマなどのデリミタが存在しないため分かち書き処理を行う必要があることや，京都市内の通名に代表されるように複数の住所体系が混在していることなどが障害となり，あまり普及していない．特に一般文書データに含まれる住所などの記述は，読み手に理解できれば良いという条件で記述されているため，都道府県名や市町村名が省略されているなど曖昧な記述が多い．われわれは，これらの曖昧な間接位置情報をロバストかつ高速にジオコーディングするため，日本の住所体系に適したジオコーディングアルゴリズムを開発し，クライアント・サーバエンジン『SPAT』として実装した [相良・有川・坂内 2001]．空間文書管理システムでも SPAT を呼び出してジオコーディングを行う．ジオコーディングにより，S-I データは S-D データに，F-I データは F-D データに変換される．

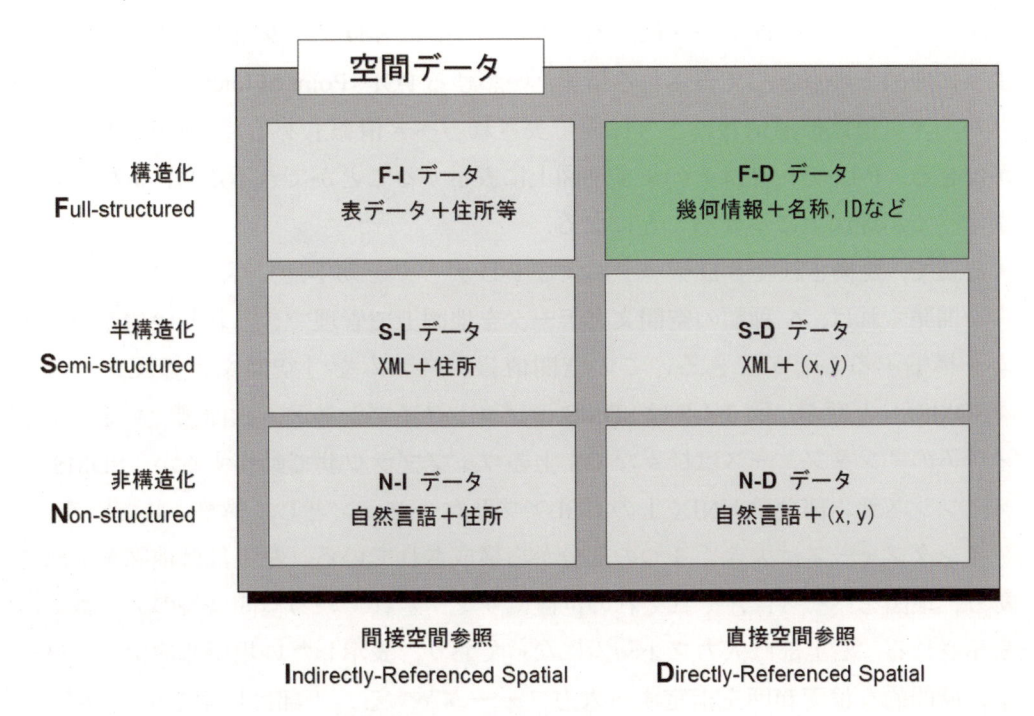

図 3-4-7 空間データの分類

非構造化データには，間接位置情報がどこに記述されているかという情報が含まれていない．そこで，文章をパース（parse）して，間接位置情報の可能性がある単語列を順番にジオコーディングするという処理を行う．ジオコーディングの結果，対応する緯度経度が得られれば間接位置情報であったことがわかると同時に，直接位置情報に変換することができる（対応する緯度経度が得られなかった場合は間接位置情報ではなかったと判断し，次の単語列に移る）．また，直接位置情報の可能性がある単語列も抽出する．

　さて，元の非構造文書データに含まれる間接・直接位置情報が抽出された時，その部分を XML-like なタグでマークアップすると，非構造化データを半構造化データに変換することができる．そこで，この処理を「半構造化（semi-structuralize）」と呼ぶ．実際には，同時にタグの属性情報として直接位置情報を挿入するため，半構造化とジオコーディングが行われる．すなわち，N-I データと N-D データが S-D データに変換される．以上の処理を行う半構造化エンジンは，プログラムモジュール『芭蕉』として実装した．

　SPAT および芭蕉を利用することで，6 種類に分類された空間文書データはすべて，S-D データまたは F-D データに変換できる．一般に S-D データはレストラン情報のように地図上の点として表される情報，いわゆる POI（Point of Interest）とみなすことができ（道路渋滞情報のように線で表されるべき情報もある），地図に表すことができる．F-D データはそのまま地図上に表示することができるため，6 種類の分類すべてが地図上に示せることになる．

　そこで，変換された S-D データおよび F-D データを効率良く管理，検索する仕組みを開発すれば，6 種類の空間文書データを地図上で管理できる新しい情報システムを構築することができる．この空間情報システムを「空間文書管理システム（SDMS）」と呼ぶ．図 3-4-8 は SDMS のプロトタイプシステム画面例である．本システムのインタフェースは様々な OS 上のウェブブラウザで動作するが，SDMS のメインシステム部分は UNIX 上の CGI アプリケーションとして構築されている．

　インタフェースは大きく 3 つの部分から構成されている．左上部は地図表示部であり，地図をベースに，それぞれの位置にリンクされている空間文書のアイコンが表示される．右上部は入力フォームになっており，表示したい場所や検索キーワード，時間的な検索範囲を指定する入力フォームがある．下部は検索結果表示部で，地図に表示されている空間文書の概要が一覧表示される．

地図表示部の文書アイコンはそれぞれの文書のタイプを示している．現在のところ，文書タイプとして Microsoft Word，Excel，PowerPoint，Adobe PDF，HTML および Plain Text に対応している．また，アイコンをクリックすると，検索結果表示部の対応するレコードにジャンプする．検索結果表示部には，文書ファイル名とその文書に含まれている住所一覧，および文書の一部が表示される．文書ファイル名をクリックすると，直接ファイルを開いて編集を開始することもできる．住所一覧をクリックすると，その住所を中心として地図を描き直し，その住所を中心に再検索が行われる．

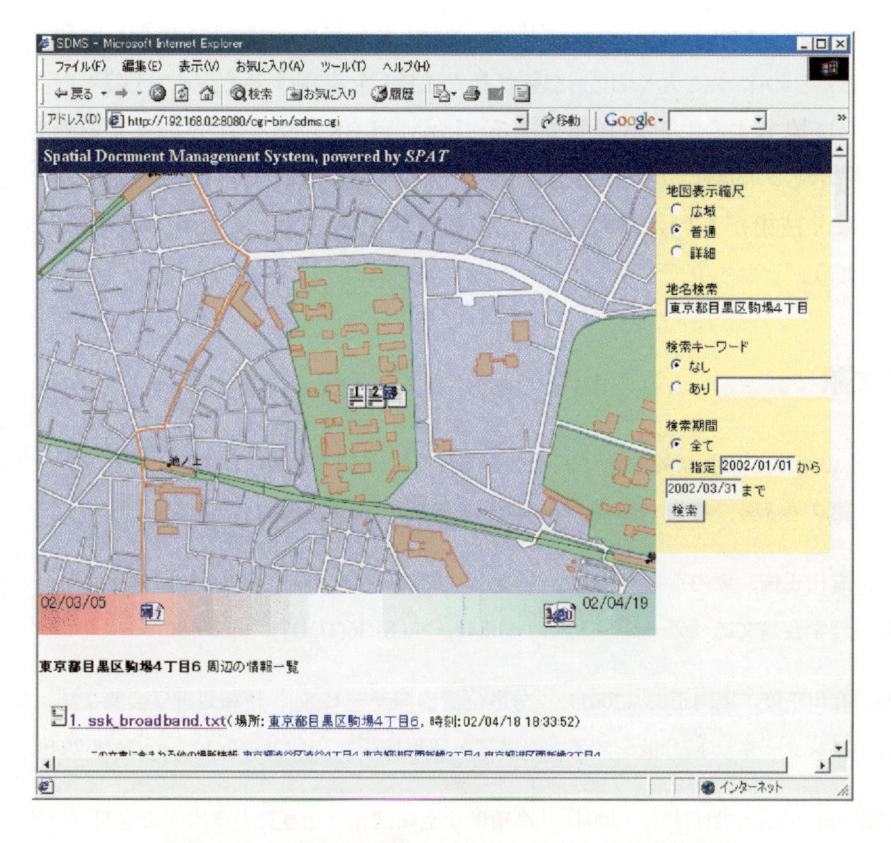

図 3-4-8　空間文書管理システムのプロトタイプ画面

3.5. まとめ

　LBSは地図という分かり易いインタフェースを使うことで人々の生活により密着し，日々の活動を直接支援できるようにインターネットの手軽さと自由さを再構成しようという試みである．地図というインタフェースは，利用者に分かり易い索引を提供するというだけでなく，様々なコンテンツを融合させるメディアとしても機能し，情報社会の新しいインフラとして大きな役割を果たす．しかし，そうした役割を効果的に果たすため地図は，従来の紙地図をそのまま電子化したものではないし，データの収集や更新の方法も新しく工夫されなければならない．またその上で流通するコンテンツの表現の方法も変わらざるをえない．位置を利用することで通信方式もいろいろな機能を実現できる一方で，新たなサービスの実現に向けて数多くのチャレンジがある．さらに，人々の多様な活動を効果的に支援するためにサービスのレベル（LOS）や，それに基づく利用者モデルの構築など新しい研究課題も登場する．このように人や社会に密着したLBSを実現するためには様々なプレイヤーが互いに協力することが必要である．しかしLBSは人や社会を支える新しい情報の形を提示し，同時に人々の生活や社会のあり方を変える可能性も秘めている．社会と情報と技術が互いに共鳴しあいながら進化する新しい領域が拓かれつつあるといえよう．

参考文献

有川正俊（2002），「位置情報サービスとサイバースペースの融合」，日本バーチャルリアリティ学会誌，第7巻3号，特集：サイバースペースとVR，pp.177-182.

相良毅，有川正俊，坂内正夫（2000），「ジオレファレンス情報を用いた空間情報抽出システム」，情報処理学会論文誌「データベース」，Vol.41, No.SIG6(TOD7), pp.69-80.

相良毅，有川正俊，坂内正夫（2001），「分散位置参照サービス」，情報処理学会論文誌，特集：次世代のインターネット/分散システムの構築・運用技術，Vol.42, No.12, pp.2928-2940.

藤田秀之，有川正俊，岡村耕二（2004），「高精度な空間情報付き写真の3次元実空間マッピング」，電子情報通信学会論文誌，基礎・境界（A），空間情報認知特性の基礎と応用特集号，Vol.J87-A,

No.1, pp.120-131.

Basagni S., Chlamatac I., Syrotiuk V. R. and Woodward B. A. (1998), A Dsitance Routing Effect Algorithm for Mobility, Proc. of Mobicom 98.

Karp B. and Kung H. T. (2000), GPSR: Greedy Perimeter Stateless Routing for Wireless Networks, Proc. of Mobicom 00.

Ko Y. B. and Vaidya N. H. (1998), Location-Aided Routing in Mobile Ad Hoc Networks, Proc. of Mobicom 98.

Li J. Jannotti J., De Couto D. S. J. Karger D. R. and Morris R. (2000), A Scalable Location Service for Geographic Ad Hoc Routing, Proc. of Mobicom 00.

Singh S., Woo M. and Raghavendra C. S. (1998), Power Aware Routing in Mobile Hoc Networks, Proc. of Mobicom 98.

Willam Gibson (1984), *Neuromancer*, NY: Ace Books.

第4章

時空間社会経済システム部門の研究成果

4.1. 時空間社会経済システム部門

　時空間社会経済システム部門は八田教授と，丸山助教授，城所助教授の3人で構成されており，GISの社会現象や経済現象への応用を研究する部門である．

　GISを社会現象や経済現象へ応用する場合には，現実を捉えたデータとデータを分析するための理論，手法が必要である．時空間社会経済システム部門では，その両者を行い有機的連関を探っている．

　第一に，データであるが，日本においてはデータの制約上，研究が困難となることが多い．これは，地理学，経済学等すべての人文社会科学が直面している問題である．世界的に実証研究が盛んになるなか，日本でのデータ利用の困難さは，日本の研究水準の低下に直結する重要な問題である．東京大学空間情報科学研究センターは，（財）統計情報研究開発センターと共同研究を行っているが，時空間社会経済システム部門は，その枠内で，様々な社会経済的統計データをデータベース化している．このデータベースは，「CSIS統計データベース」と名づけられ，空間情報科学研究センターが全国の研究者と行う共同研究で利用され，多大な成果を挙げている．（「CSIS統計データベース」に関しては，詳しくは，SINFONICA研究叢書「学術空間データ基盤システムの構築」－東京大学空間情報科学研究センターの事例－（平成14年1月刊行）を参考にされたい．）現在のところ，CSIS統計データベースには，国勢調査，事業所企業統計調査，サービス業基本調査，就業構造基本調査，全国物価統計調査，住宅・土地統計調査等のデータが収められており，人文社会科学の研究上有用なデータを網羅している．

　第二に，データを分析する理論，手法であるが，これは大きく2つに分けられる．一つは，経済学的手法であり，もう一つは統計的手法である．経済学的手法については，八田教授と城所助教授が研究し，統計的手法については，主として丸山助教授が研究している．

　城所助教授は，応用ミクロ経済学の観点から，ネットワークの存在を明示的に考慮した便益評価の方法を開発している．このネットワークを考慮した便益評価の方法は，昨今非常に関心の高い，道路投資等の公共投資をどのように評価するかという問題と直結するため，応用的価値の高い研究である．

　丸山助教授は，地価等，空間的属性が重要な統計データを分析するときに有用な分析手法を開発している．丸山助教授は，ヘドニック型価格指数に対して，最新の

統計学の成果を利用して新たな指数を提案している．

　八田教授は，地理情報を使って都市における経済政策の空間的効果の研究を行っている．次節では，その例として GIS を東京の容積率規制の問題に応用した八田教授の成果を紹介する．

4.2. 容積率緩和の便益：一般均衡論的分析

4.2.1. はじめに

　本研究は，東京都心のオフィスの容積率を高めて集積度を高めると，どれだけ生産性が向上するか分析するものである．これは以前から行ってきた富山大学経済学部助教授の唐戸広志氏と共同研究を発展させたものである．これまでの分析との違いは，後程詳しく説明する．

　企業が都心の高いオフィス賃料の地区に立地するのは，それだけのメリットがあるからである．多数の企業が集積している地点や，そのような地点へのアクセスが便利な地点に立地することで，他の企業との face to face contact に要する時間が短くなるため，情報を安価に得やすくなる．このように，集積度の高い地区では，労働者の業務効率が改善されることを**集積の利益**という．企業が高い賃料の地区に立地するのは集積の利益のためである．

　言い換えると，都心のある地区の企業のオフィスの生産量は，その企業のオフィスの床面積と就業者数のみによって決まるわけではなく，その地区における集積の利益の恩恵を受ける．すなわち，(1)その地区に立地する全企業の平均的就業者密度および(2)その地区以外の地区の就業者密度とによって影響を受ける．

　ある地区の容積率を緩和して，床面積が増えると，他地区からこの地区に労働者が流れてくる．その結果，都心全体の就業者の分布が変化する．これは集積の利益の地理的構造を変え，それぞれの地区での企業生産量を変える．

　したがって，本研究では，特定地区での容積率緩和の効果を次の4段階で分析する．第1に，都心オフィスの付加価値生産関数を計測する．集積の利益を考慮するため，この関数の説明変数には各地区の就業者数が含まれる．第2に，測定した生産関数から，各地区の床面積需要関数と労働の需要関数を導き，所与地区別床面積と全体の労働者数を用いて一般均衡モデルをつくる．第3に，ある地区での容積率緩和の結果，都心全域での各地区で就業者数がどれだけ変化し，賃金率がそれだけ影響を受けるかを分析する．第4に，こうして得られた各地区の就業者数等の変数を生産関数に代入して，それぞれの地区の生産性が最終的にどう変化するかを測定する．それを全地区について総計して，全体の付加価値の上昇をみる．

　分析の対象都心が図4-2-1に示されている．対象地区の一つずつは，500メートル

メッシュで図には正方形で示されている．賃料のデータは，三幸エステートの，オフィスビルの賃料個票データを使用した．これは，それぞれのオフィスがどのくらい古いかとか，駅にどれだけ近いかとか，そういう様々な情報が入っているデータである．

4.2.2. 集積の利益を含む生産関数

地区 j にオフィスをもっている企業の付加価値生産関数として，次式を考える．

$$y = F\left(s, v(N_j, M_j)n\right), \quad j = 1, 2, \cdots, J \tag{1}$$

左辺 y がこの企業の付加価値のアウトプットである．右辺の s がオフィスのスペースで，n がこの企業の就業者数である．この 2 つが生産量を決める基本的な変数である．

つぎに右辺内にある $v(N_j, M_j)$ は，地区 j に立地する企業が自地区や他地区から受ける集積の利益を表す指標である．この利益は地区 j の労働の生産性を高める．生産性は N_j と M_j に依存している．N_j は，j 地区の 500 メートルメッシュにいる労働者の数である．M_j は j 地区以外の地区における就業者数の影響を示す変数である．他の地区の就業者数を当該地区との移動時間距離の二乗で割ったものを合計したものである．これは次式で定義される．

$$M_j = \sum_{k \neq j}^{J} \frac{N_k}{d_{jk}^2} \quad j = 1, \cdots, J \tag{2}$$

なお d_{jk} は地区 j と地区 k の間の時間距離である．たとえば j を虎ノ門とすると，M_j には新宿にいる就業者数も入っている．ただし，d_{jk} の二乗で割ったものが入っているから，遠くのところの影響は少なくなっている．M_j は，j 地区のポテンシャルと呼ばれている．

4.2.3. 生産関数の測定

実際に(1)式を測定するに際しては大問題がある．生産関数(1)の左辺の変数である肝心の付加価値の測定値がないことである．たとえば八重洲にある新日鉄が，お宅のオフィスはどれだけの生産しているのか，生産額はどれだけか，と聞かれても，困るであろう．君津の製鉄所も入れた新日鉄全体の付加価値生産額はわかるであろ

うが，八重洲のオフィスがどれだけ生産しているかを聞かれても困る．誰にも分からない．

ただし，各地区の生産性がその地区のオフィス賃料に反映されていることに着目すると，生産関数を間接的に測定することができる．たとえば大手町と渋谷を比べると，オフィス賃料は大手町の方が約2倍である．大手町は集積度が高いから，非常に能率が良い．そのことを反映して大手町の賃料は渋谷の賃料より高くなる．もしそうでなくて，大手町の賃料が渋谷の賃料と等しければ，大手町の方の能率が良いだけ大手町の利潤が上がる．そのため，新しい会社が渋谷から大手町に入ってくる．その結果，大手町のオフィス賃料が上がる．どこまで上がるかというと，最終的には渋谷にオフィスを構えても，大手町に構えても利潤は同じだというところまで上がる．

結局は，生産性の高いところでは賃料が高くて，生産性が低いところでは賃料が低いということになる．とすると，ある地区のオフィス賃料は，結局その地区の就業者密度と，ポテンシャルと，賃金とによって決まる．すなわち，

$$R_j = \tilde{R}(N_j, M_j, w) \quad (3)$$

と書ける．この式は，地区 j のオフィス賃料を被説明変数とする賃料関数である[1]．この賃料関数を生み出す生産関数を逆算すると，生産関数(1)が測定できる．

関数(3)は，次のように計測できる．

$$\log R_j = 2.19 + 0.0604 N_j + 0.0053 M_j + \beta' Z$$

なおベクトル Z は，個々のサンプルにおけるオフィスの古さや駅への距離などの諸々の変数を含んでいる．β' は係数の行ベクトルである．

この賃料関数を生み出す生産関数を逆算すると次のとおりである．

$$y = 45.5323 s^{0.1795} \times \{\exp(0.0132 N_j + 0.0012 M_j + \gamma'_Z Z) n\}^{0.8205} \quad (4)$$

4.2.4. 容積率緩和の効果の一般均衡分析

地区 j で容積率を緩和すると，その地区の床面積が上昇する．それだけでなく地区の就業者数 N_j も変化する．さらに，東京全体の各地区の就業者が変化するから，ポテンシャル M_j も変化する．これらが(4)式の右辺の変数である．地区 j における容積率の緩和によって，これらの変数がどれだけ変化するかを測定すれば，(4)式を用

いて付加価値へのインパクトを測定できる．

　そのためには，結局地区 j におけるオフィススペースの増大が，N_j や M_j にどのような影響を与えているかを分析する必要がある．既に大勢の労働者がいるところからはたくさん移ってくるだろう，あまりいないところからはあまり移ってこないだろう，と予想できるが，定量的に各地区から何人の就業者が移ってくるのであろうか．

　容積率の緩和による地区ごとの生産性分析を(4)式に類した生産関数を用いて行った最初の論文は，八田・唐渡（2001）である．ただしその論文では，「地区 j で容積率を緩和したときに，各地区における現在の就業者の数に比例して移動してくる」と機械的な想定をしている．

　実際には，賃金の変化に応じて労働者は移動する．たとえば虎ノ門の容積率が上がれば，ビルの床スペースが増えるわけだから，労働者一人あたりの床スペースが大幅に増え，虎ノ門における労働の限界生産性は上昇する．従って，虎ノ門における労働需要曲線は右にシフトする．これは東京全体における労働者需要を増大させるから，東京全体の賃金を引き上げる．しかし，他の地区では床面積は一定であるから，労働の限界生産性は増加しておらず，そういう高い賃金ではもうペイしないということになり，労働者のリストラが起きる．その分の労働者が他地区から虎ノ門に流れてくる．結果的には，虎ノ門でスペースが増えた分が，きちんと労働者でもって埋められるようになる．さらに東京全体で，一人あたり労働者が使う平均的オフィススペースが増えることになる．

　このような過程を経て，最終的に均衡に到達する．最終均衡では，地区外からどれだけ労働者が当該地区に移動しているかを内生的に分析するのが「一般均衡分析」という手法である．先行分析は，労働者の空間的移動に関して機械的な仮定を置いて外生的に予測をしていたわけであるが，本研究では労働者の空間的移動を「一般均衡分析」によって内生的に捉えている．

4.2.5. 一般均衡モデル

本研究での一般均衡分析では次の仮定をおく．

- 第 1 に，容積率緩和の結果，他の都市からの労働人口の流入は起こらない．都心全体で雇用可能な労働者数が $\bar{N}$ で一定である．
- 第 2 に，都心の各地区におけるオフィススペース供給量 $Q_1, Q_2, ... Q_j$ は，

容積率を緩和する地区以外では，固定されている．

地区jにおける就業者一人あたりの床面積への需要関数を$\tilde{s}(R_j, N_j, M_j, W)$で表そう．この需要関数は，生産関数(4)と地区$j$において与えられている賃料$R_j$，賃金$W$，地区就業者数$N_j$，地区ポテンシャル$M_j$との下で利潤を最大化することによって得られる[2]．

与えられた各地区の床面積の下での各地区での均衡雇用量$N_1,\cdots,N_J$と，各地区での均衡賃金は，式(2)と次の各式との連立方程式体系の解として得られる．

$$\left.\begin{array}{l} N_1 \tilde{s}(R_1, N_1, M_1, W) = Q_1 \\ \cdots \\ N_J \tilde{s}(R_J, N_J, M_J, W) = Q_J \end{array}\right\} \quad (5)$$

$$\sum_{j=1}^{J} N_j = \overline{N} \quad (6)$$

$$\left.\begin{array}{l} R_1 = \tilde{R}(N_1, M_1, W) \\ \cdots \\ R_J = \tilde{R}(N_J, M_J, W) \end{array}\right\} \quad (7)$$

(5)式は，各地区における床面積に対する需給均衡式である．(5)式の左辺に現れる関数$\tilde{s}(R_j, M_j, w)$の値は，就業者一人あたり床面積への需要量を示している．これと各地の就業者数N_jとの積がその地区の床面積需要量になる．これと現実に存在する床面積供給量Q_jが等しい時に均衡が達成されることを(5)式は示している．これによって均衡賃料$(R_1,\cdots,R_J)$が決まる．

(6)式は，各地区での労働への需要量N_jの総和が全体の供給量$\overline{N}$に等しいことを示している．一方賃料関数(7)は(3)を書き写したものである．この賃料関数は，賃金率Wと，地区jの賃料R_jと，ポテンシャルM_jが与えられたときの同地区の労働N_jへの需要関数を陰関数として含んでいると見なせる[3]．(6)と(7)を組み合わせたものが通常の需給均衡式と同等になる．この組み合わせから均衡価格として賃金Wが決まる．最後の(2)式は，M_jの定義式である．この体系は，3J+1本の式と，3J+1個の内生変数$N_1, ..., N_J, R_1, ..., R_J, M_1, ..., M_J$を有している．

上のモデルの内生変数の$N_1,...,N_J, W$の解を外生変数の$Q_1,...Q_J$と$\overline{N}$の関数として次のように書くことができる．

$$\begin{array}{l} N_j = \tilde{N}_j(Q_1,\cdots,Q_J, \overline{N}), \quad j=1,2,\cdots,J \\ W = \tilde{W}(Q_1,\cdots,Q_J, \overline{N}) \end{array} \quad (8)$$

4.2.6. 容積率緩和の効果の測定結果の測定結果

　地区 j の容積率を緩和すると床面積 Q_j が増える．(8)式から Q_j の増加が各地区の就業者数と賃金率をどう変化させるかがわかる．

　たとえば，芝の床面積が倍になると，就業者が増えて，能率が上がるから芝の賃料は上がる．ただしその場合は，新宿とか丸の内とか虎ノ門から，芝に人々が移ってくるわけである．その結果人口が流入する地区の生産性は上がり，人口が流出する地区の生産性は下がる．各地区の賃料はこの生産性の変化を反映する．

　これが表 4-2-1 の第一列に示されている．この表によれば芝地区自身では賃料が上がるけれども，他の地区では賃料がどれだけを下がっているかがわかる．

　表 4-2-2 はある地区の床面積を倍にしたときの東京全体での付加価値の増大効果を示している．虎ノ門の就業者の数を倍にすると虎ノ門だけではなく，他の地区の能率も全部変わるが，東京全体で約 1000 億の付加価値の上昇がある．新宿は場所が離れているからであろうか，300 億ぐらいしかないということが表からわかる．つまり，虎ノ門や，それから大手町といった，就業者密度がすでに高いところで密度を増やすと，非常に大きな影響がある．

　地理情報を経済モデルで分析すると，ある地区における政策変更がすべての地区における変数に影響を及ぼし合った結果，最終的にどのような効果をもたらすかを分析できる．ここに紹介した容積率緩和の効果の測定はそのような分析の例である．

註

(1) 式(3)と式(1)の関係については，付論の式(A-4)を見よ．
(2) くわしくは，付論の式(A-7)を見よ．
(3) このことについては，付論の最後のパラグラフを見よ．

参考文献

八田達夫, 唐渡広志（2003），「容積率緩和の便益」，住宅土地経済, 2003 秋号.

八田達夫, 唐渡広志（2001），「都心における容積率緩和の労働生産性上昇効果」，住宅土地経済, 2001 夏季号.

八田達夫, 唐渡広志（1999），「都心オフィスの賃料と集積の利益」，住宅土地経済, 1999 夏季号).

表 4-2-1 供給ストックの増加によるオフィス賃料の変化（弾性値）

		容積率緩和を実行する地区							
		36704	36903	45264	45293	46013	46023	46114	46121
		芝2	虎ノ門1	新宿3	九段北4	丸の内3	八丁堀1	大手町2	日本橋2
36704	芝2	0.196	-0.051	-0.012	-0.006	-0.016	-0.013	-0.022	-0.022
36903	虎ノ門1	-0.010	0.514	-0.009	-0.005	-0.014	-0.010	-0.018	-0.017
45264	新宿3	-0.012	-0.047	0.171	-0.005	-0.017	-0.014	-0.021	-0.021
45293	九段北4	-0.012	-0.047	-0.009	0.104	-0.016	-0.014	-0.020	-0.021
46013	丸の内3	-0.009	-0.050	-0.010	-0.004	0.258	-0.010	-0.017	-0.018
46023	八丁堀1	-0.011	-0.043	-0.011	-0.006	-0.016	0.193	-0.019	-0.017
46114	大手町2	-0.011	-0.050	-0.010	-0.005	-0.013	-0.011	0.308	-0.015
46121	日本橋2	-0.012	-0.047	-0.011	-0.006	-0.016	-0.009	-0.019	0.289

表 4-2-2 供給ストックの増加による賃金と都市全体の付加価値上昇額（指定容積率の上限を現況の2倍に設定）

メッシュコード	主な町(丁)	$\dfrac{\partial W}{\partial Q}\dfrac{Q}{W}$	ΔY（単位：億円/年）
36704	芝2	0.0022	416.5
36903	虎ノ門1	0.0058	1115.1
45264	新宿3	0.0019	363.7
45293	九段北4	0.0012	221.0
46013	丸の内3	0.0029	555.0
46023	八丁堀1	0.0022	414.6
46114	大手町2	0.0035	665.2
46121	日本橋2	0.0033	626.2

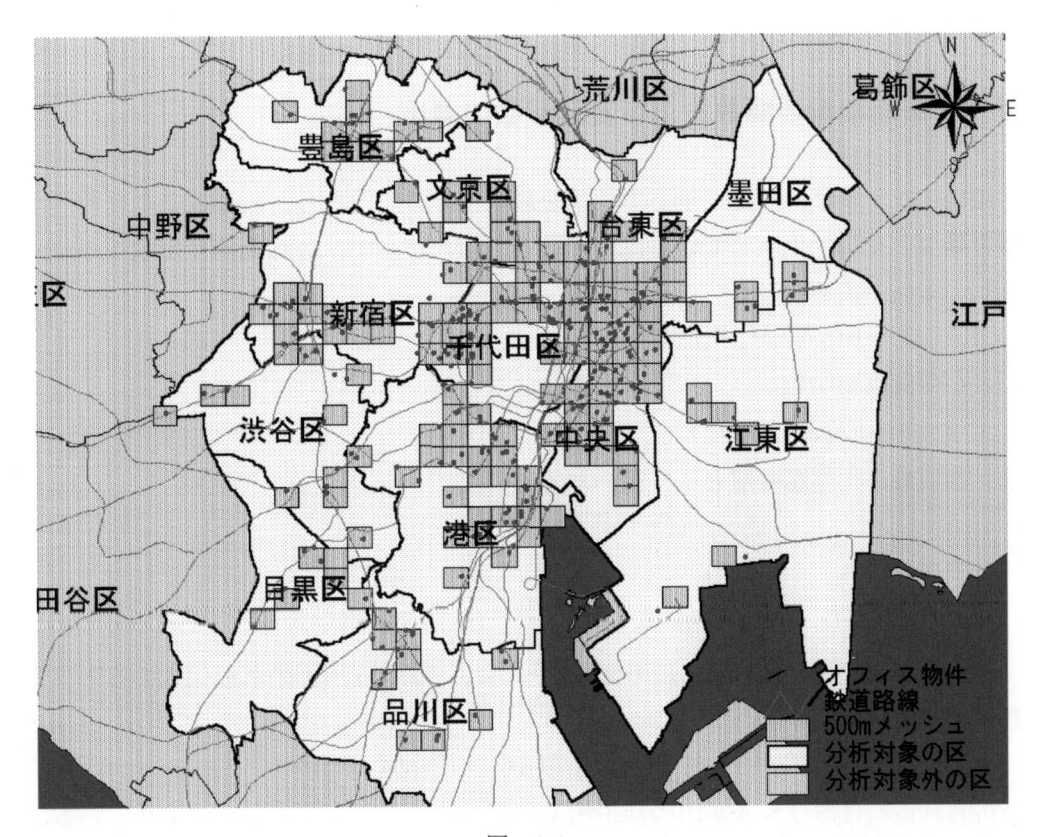

図 4-2-1

付論：床面積需要関数および賃料関数の導出

地区 j の企業は，完全競争下で利潤を最大化しているから，1単位あたりの産出量を最少の費用で生産しているはずである．したがって，付加価値産出量1単位あたりの床面積需要関数

$$s = s(R_j, N_j, M_j, W) \qquad \text{(A-1)}$$

および労働需要関数

$$n = n(R_j, N_j, M_j, W) \qquad \text{(A-2)}$$

は，次の最小化問題の解として得られる．

$$\underset{s,n}{Min} \quad R_j \cdot s + W \cdot n$$

$$s.t. \quad F(s, v(N_j, M_j)n) = 1 \qquad \text{(A-3)}$$

最小化問題の目標関数(A-3)の変数 s と v に，式(A-1)と(A-2)とを代入すると単位費用関数 $c(R_j, N_j, M_j, W)$

$$c(R_j, N_j, M_j, W) \equiv R_j \cdot s(R_j, N_j, M_j, W) + W \cdot n(R_j, M_j, W)$$

が得られる．自由な参入参出の結果超過利潤が0になるとすると，生産している付加価値額と費用は等しくなるから，

$$c(R_j, N_j, M_j, W) = 1 \qquad \text{(A-4)}$$

が成立する．この式を R_j について解くとオフィス賃料関数(3)が得られる．これは超過利潤を0にする賃料水準を示している．

さらに，(A-4)式は，自由参入参出があるときに M_j と W の下で利潤を0にする労働者数 N_j と R_j の組み合わせを示している．したがって，以下の労働需要関数を陰関数として含んでいる．

$$N_j = N_j^*(R_j, M_j, w) \qquad \text{(A-5)}$$

労働の需給均衡は，この式と

$$\sum_{j=1}^{J} N_j = \bar{N} \qquad \text{(A-6)}$$

で示される．

一方，式(A-1)と(A-3)から就業者一人あたり床面積需要関数 $\tilde{s}$ を次式で定義できる．

$$\tilde{s}(R_j, N_j, M_j, W) \equiv \frac{s(R_j, N_j, M_j, W)}{n(R_j, N_j, M_j, W)} \quad \text{(A-7)}$$

オフィススペースの需給均衡は，(A-5)を

$$N_j \cdot \tilde{s}(R_j, N_j, M_j, W) = Q_j \quad \text{(A-8)}$$

に代入して得られる．したがって，労働とオフィス面積の均衡は(A-5),(A-6),(A-8)によって達成される．

　一方(A-5)が(A-4)と同値であり，(3)が(A-4)と同値であることを考えると，(A-5)は(3)によって置き換えられる．したがって，均衡は(3), (A-6) ,(A-8)によって達成される．これが本文のモデル(5)(6)(7)である．

4.3. ヘドニック型価格指数へのリッジ回帰推定量の適用

4.3.1. イントロダクション

　この項では，ヘドニック型価格指数に対して，最新の統計学の成果を利用して新たな指数の可能性を探る．価格指数とは，異時点間における財・サービスの価格の変化を捉えるための指数である．一般には，特定の財・サービスの価格の基準時価格に対する比として定義される．異時点間の同じ品質の財・サービスの価格を比較することが原則であり，たとえば日経平均をはじめとする株価指数はこの原則を満たすように作成されている．しかし，時間的経過に伴って，市場に現れる財・サービスの品質が変化する場合，この原則に従って指数を得ることは不可能であるので，何らかの方法で品質の差異を調整して同等の品質に置き換えたものについて，価格比をとるという工夫が必要になる．この項で考える住宅価格指数は，品質調整済の価格指数を求めることが必要となる最も典型的な指数の一つである．たとえば，継続反復して同質の住宅を取り上げて，その価格を市場で観測するということは不可能であるし，また規模や設備は住宅ごとに異なる．また仮に規模や設備が同じでも築年数が異なれば，同質と判断することはできない．このような意味で住宅はきわめて個別性の強い性格をもっている．

　この項で考えるヘドニック型価格指数とは，上に述べた問題に対処するために住宅価格 y の形成要因を住宅の属性に求める方法である．つまり，都心までの通勤時間，周辺環境，床面積，設備の状況，築年数などの住宅属性（消費者の立場でいえば，選好指標）を説明要因 x（ベクトル）として，住宅価格 y を説明する回帰式

$$y = \beta_0 + x_1\beta_1 + \ldots + x_p\beta_p + \varepsilon$$

を想定し，回帰係数 $\beta_i (i = 0,\ldots, p)$ を統計的に推定する（理論的考察は以下で詳しく説明する）．直感的イメージとしては，価格を住宅属性ごとに分解して，各住宅属性に価格を与えて，住宅価格を住宅属性の価格の重みつき和と見なすことだと思えば良い．その上で特定の品質属性（たとえば，桜上水徒歩10分，65平米，3LDK，築三年など）に注目して，つまり同質の品質の住宅に対して，すべての時点で推定価格を計算して異時点間で価格を比較するのがヘドニック価格法である．

　この項では，リクルートの清水千弘さんに御協力頂いて同社の「週刊住宅情報」に掲載された中古マンションの価格を用いて価格指数を作成する．作成されたデー

表 4-3-1　分析データ一覧

変数	定義	単位
最寄駅までの距離	*最寄駅までの時間距離（徒歩時間+バス時間）	分
都心までの接近性	最寄駅から，1998年時点における乗降客数上位40駅に対する昼間時における乗換え時間を含む鉄道乗車時間の乗降客数による加重平均*	分
専有面積	マンション専有面積（住宅情報記載面積）	m^2
築後年数	抹消日-建築日	年
バルコニー面積	バルコニー面積（住宅情報記載面積）	m^2
総戸数	同一マンション内の総戸数	戸
市場滞留時間	住宅情報に掲載された日時から抹消された日時までの市場に滞留した時間とした．	日
管理費	管理費	円/月
徒歩圏ダミー	最寄駅までの時間距離にバス時間がない場合を徒歩圏とする．徒歩圏:1,それ以外:0	(0,1)
1Fダミー	1Fの物件:1,それ以外:0	(0,1)
最上階ダミー	最上階の物件:1,それ以外:0	(0,1)
南向きダミー	開口部が南:1,それ以外:0	(0,1)
南向き系ダミー	開口部が南，南西，南東:1,それ以外:0	(0,1)
鉄筋鉄骨コンクリートダミー	鉄筋鉄骨コンクリート造:1,その他(鉄筋コンクリート):0	(0,1)
住宅金融公庫融資可能ダミー	住宅金融公庫融資可能物件:1,その他:0	(0,1)
沿線ダミー群	i番目の該当沿線:1,その他:0	(0,1)
行政市区ダミー群	j番目の該当行政市区:1,その他:0	(0,1)
時点ダミー群	k番目の該当時点:1,その他:0	(0,1)

*乗降客数の第1位が，新宿駅であり，上位40駅の中には，品川・池袋・渋谷等の山手線主要ターミナル駅のほかに，横浜，川崎，千葉，大宮などの主要駅または柏等の中核駅が含まれる．そのため，住宅情報に掲載があった首都圏1848駅×40=73,920鉄道ネットワークデータベースを構築した．同データベースは，半年ごとに更新される．

タベースの項目（説明変数）は表 4-3-1 のとおりである．データベースの構築は高辻・小野・清水（2002）に詳しい．

　分析データ対象は，東京都区部において1989年4月から2003年3月までの間に収集された成約抹消価格のうち，専有面積が 15m^2 以上 120m^2 未満，築後年数が35

表 4-3-2 中古マンション価格データの主要な統計量（1989/04～2003/03）

n=158,955	平均	標準偏差	最小値	最大値
中古マンション価格:万円	3,750.46	1,802.19	1,000.00	9,998.00
最寄駅までの距離:分	7.64	4.23	1.00	20.00
都心までの接近性:分	25.22	4.98	16.31	77.53
専有面積 :㎡	55.34	17.93	15.00	120.00
築後年数:年	14.10	7.00	1.00	35.00
市場滞留時間:日	87.99	85.43	1.00	700.00

年以内の15万8955件のデータからなる．データは月ごとに集計されており，月平均1000件程度のデータがある．ここではデータの詳細を掲載することはできないが，主要な説明変数とデータの基本的な統計量は表4-3-2のとおりである．

4.3.2. 既存のヘドニック価格指数

この項では，ヘドニック型価格指数の概略を説明し，これまで知られている幾つかのバージョンを解説した後，それらの短所を指摘する．またそれらの短所を克服するような望ましい指数の特徴を述べる．

ヘドニック価格指数作成の元になる線形回帰モデルは

第1期
$$y_{i1} = \beta_{01} + \beta_{11}x_{i1} + \ldots + \beta_{p1}x_{ip} + \varepsilon, \quad i = 1,\ldots,N_1$$
$$\vdots$$
第T期
$$y_{iT} = \beta_{0T} + \beta_{1T}x_{iT} + \ldots + \beta_{pT}x_{ip} + \varepsilon, \quad i = 1,\ldots,N_T$$

と表現することができる．ここでεは誤差項で，平均0分散σ^2の正規分布に従い，また物件間の誤差項は互いに独立であると仮定する．構造制約型指数というのは，全期間を通じて不動産市場の価格メカニズムの構造（つまり回帰係数）は変化しないという仮定を置いた下で得られる指数である．具体的には

$$\beta_{11} = \ldots = \beta_{1T}, \quad \ldots \quad \beta_{p1} = \ldots = \beta_{pT}$$

として，すべてのデータをプールする．各期のダミー変数（1 or 0）を説明変数$z_1,\ldots z_T$

として加えて,

$$y_i = \beta_0 + \beta_1 x_{i1} + \ldots + \beta_p x_{ip} + p_1 z_1 + \ldots + p_T z_T + \varepsilon, \quad i=1,\ldots,N(=\sum_{i=1}^{T} N_i)$$

なる回帰モデルに対して,最小二乗法に基づいて$\beta_0,\ldots,\beta_p,p_1,\ldots,p_T$を推定する.ここで各期ダミー変数の回帰係数の推定量を$\hat{p}_t$とし,基準期のダミーの回帰係数の推定量$\hat{p}_1$としたとき,$\hat{p}_t/\hat{p}_1 (t=1,\ldots,T)$が構造制約型指数である.

一方,構造非制約型指数は各期ごとに構造は変化すると仮定する.具体的には各期ごとに最小二乗法を行い,各回帰係数の最小二乗推定量を$\hat{\beta}_{0t},\ldots\hat{\beta}_{pt}$とする.注目する品質$(x_1,\ldots,x_p)$(たとえば,桜上水徒歩10分,65平米,3LDK,築3年,南向きなど)を各期ごとに代入すると注目品質の価格の推定値

$$\hat{y}_t = \sum x_i \hat{\beta}_{it}$$

が得られる.基準期の注目品質の推定値

$$\hat{y}_1 = \sum x_i \hat{\beta}_{i1}$$

も得られるので,$\hat{y}_t/\hat{y}_1(t=1,\ldots,T)$が指数になる.以下の図4-3-1では,これら2つの指数を描いた.

以上の説明,及び図4-3-1からわかるように,それぞれ以下のような特徴(長所,短所)をもっている.制約型は,指数変化は比較的滑らかになるという長所がある.これが長所という意味は,中古マンションの価格生成メカニズムが毎月激しく変動するとは考えにくいからである.図4-3-1に見られる非制約型の変動の大きさは,現実の価格の動きについてのわれわれの実感から乖離しているように思われる.なぜなら,この指数でみて大きく下落している期について,現実に特定の品質の住宅について価格が大きく下落したという実感はなく,また,この指数が示すように毎月のように価格生成メカニズムが大きく変化することは現実には想像しがたいからである.

かといって,全期間を通じて構造変化がないという仮定は,受け入れられないことは自明である.回帰係数の値β_iは,説明変数x_iを1単位増加させたときに(他の説明変数の値は固定した下で)中古マンション価格yが平均的に増加する金額を表すので,各期ごとに回帰係数を推定することができると,たとえば南向きということに消費者がどれほどの価値をおく傾向にあるかということに関する推移を推測することもできるし,総武線沿線であること,東急東横線沿線であることの効果の

推移，あるいはそれらの効果の比較もできる．制約型指数は，全期間で回帰係数が一定という仮定を置いているので，このような推移を把握することができないわけである．また，逐次的に最新のデータを得て指数を得る場合，更新ごとに過去の指数が変化するという欠点がある．

　非制約型は，図 4-3-1 から明らかなように，各期ごとに独立に推定するため指数変化が大きく上下動するという欠点をもっている．直感的に考えると，近接する期とは構造が近いはずでその情報を使わないのはあまりにロスが大きい．以上の既存の指数に関する考察から，適度な構造制約を入れながら，滑らかに接続する指数が望ましいことがわかる．

　小野・高辻・清水（2002，2003）は，以上に述べた構造非制約型指数と構造制約型指数の欠点を解消するため，接続型指数を提案した．これは，過去一定期間の構造は変化しないという仮定を置いて，その期間内で構造制約型を適用し逐次的に指数を作成する方法である．これは長所として図 4-3-2 にあるように滑らかに接続する（構造制約型指数とほぼ重なるため，非制約型指数に対してのみ比較した）ことが挙げられる．しかし，構造制約型と同じく更新の度に過去の指数が変化するとい

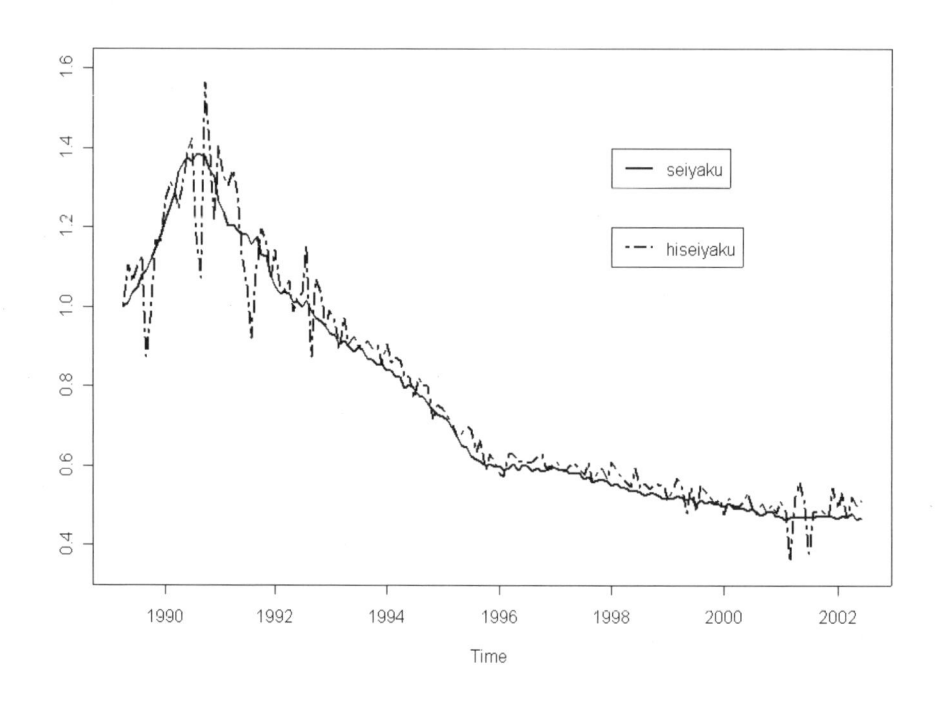

図 4-3-1　構造制約型指数と構造非制約型指数

う欠点があり，過去の一定期間といってもその長さの決定方法が理論的に難しい，という短所がある．小野・高辻・清水（2002）は3年間構造が変化しないというもとで，指数を計算した．小野・高辻・清水（2003）は，12カ月から36カ月の間で一定期間を変化させて，指数や回帰係数の滑らかさを考察したが，望ましい一定期間の設定に対して，優れた知見が得られたわけではない．

本論文では，一期前の構造とは近いという情報だけを用いて，基本的には非制約型であり，ベイズ，リッジ回帰のアイデアを組み合わせて接続の滑らかな指数を作成する．特徴として，滑らかさは制約と非制約の間くらいであり，新データ取得して更新した後も，過去の指数は変化しない．また非制約型をもとにするので，各回帰係数の推移も把握することができる．

なおこの項では簡単のため，数理統計学の標準的な記法 x_i と y を用いて解説したが，実際には以下のように量的変数に対数を取ったモデルである．

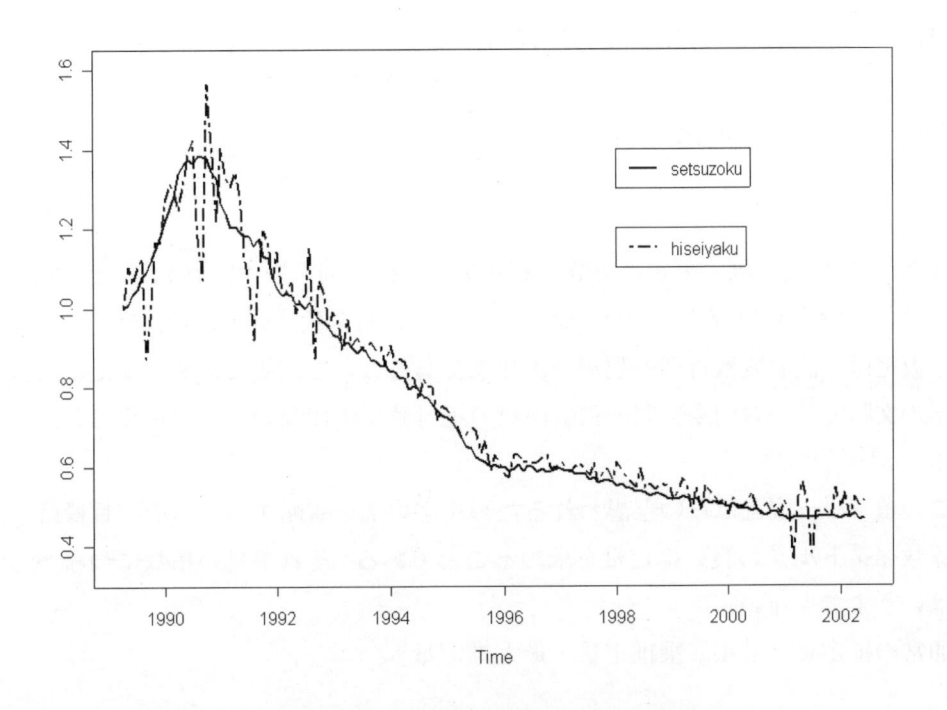

図 4-3-2 構造非制約型指数と接続型指数

$$\log RP_g = a_0 + a_1 \log WK + a_2 \log ACC + a_3 \log FS + a_4 \log BY$$
$$+ a_5 \log BS + a_6 \log NU + a_7 \log NR + a_8 RT + \sum_h a_{9,h} \cdot BC_h$$
$$+ \sum_i a_{10,i} \cdot RD_i + \sum_j a_{11,j} \cdot LD_j + \sum_k a_{12,k} \cdot TD_k + \varepsilon$$

RP：住宅価格,　　　　　　FS：専有面積
WK：最寄駅までの距離,　　　ACC：都心までの接近性
BY：築後年数,　　BS：バルコニー面積,　　NU：総戸数
BC_h：その他建物属性$(h=0......H)$,　RD_i：沿線ダミー$(i=0......I)$
LD_j：行政市区ダミー$(j=0......J)$,　TD_k：時間ダミー$(k=0......K)$

時間ダミーが含まれていることからわかるように，これは構造制約型指数のための回帰モデルである．構造非制約型指数のためのモデルは上のモデルから時間ダミーを省いたものである．

4.3.3. 多重共線性と新たなリッジ回帰推定量

この項では，とりあえず t 期だけに限定して統計学の標準的な議論と多重共線性の問題点を解説する．次項で時系列につなげるための理論を展開する．

t 期のヘドニック回帰モデルは行列表記すると
$$y_t = X_t \beta_t + \varepsilon$$
であり，ε は多変量正規分布

$$N(0, \sigma^2 I_{N_t})$$

に従う．ここで σ^2 は，未知の分散であり I は単位行列を表す．β_t は p 次元回帰係数ベクトルで，X_t は $N_t \times p$ でランク p の既知の説明変数行列である．ランクが p という仮定は，説明変数行列の列が一次独立であることと同値である．またこれは統計学の文脈では，説明変数間の相関係数の絶対値が 1 でないと言い換えることもできる．

この項では，混乱はないと思われるため添字の t を省略する．当面の目標は，回帰係数ベクトル β の良い推定量を求めることである．それが良い指数につながることはいうまでもない．

通常の推定量は最小二乗推定量・最尤推定量
$$\hat{\beta} = (X'X)^{-1} X'y$$

表 4-3-3 高い相関をもつ変数

	1997	1998	1999	2000	2001	2002	2003
専有面積－管理費	0.68	0.67	0.67	0.65	0.57	0.64	0.67
専有面積－バルコニー面積	0.49	0.5	0.51	0.49	0.53	0.52	0.49

であり，証明は省略するが，多変量正規分布

$$N(\beta, \sigma^2(X'X)^{-1})$$

に従うことが知られている．この$\hat{\beta}$は，様々な意味で良い推定量であることが証明されているが（最良線形不偏推定量，ガウス・マルコフの定理，最小分散不偏推定量など），悪い場合もある．それはXのいくつかの列が高い相関をもっている場合であり，計量経済学の分野で多重共線性の問題として知られている．このとき，$X'X$はきわめて小さい固有値をもつ．$\hat{\beta}$の分散共分散行列が$(X'X)^{-1}$であることに注意すると，そのような状況下では分散がきわめて大きい（精度が低く，不安定な）推定量になる．実は本論文における興味の対象である中古マンションのデータでもそのような問題が生じる．具体的には，専有面積が大きいマンションは，バルコニーもそれなりに広く設計されていると考えるのは自然である．また専有面積が大きいほど，管理費を多く負担するのではと考えられる．従って専有面積とバルコニー面積，管理費は比較的高い相関をもつことは十分予想できる．実際に表 4-3-3 のように強い相関があることがわかる．

さてそのような多重共線性の問題に対して，ホーエル・ケナード（1970）は最小二乗推定量より安定した推定量として，リッジ回帰推定量を提案した．彼らの基本的なアイデアは，以下のとおりである．多重共線性下では，推定量の精度の悪さから予想もしないような大きな数値を取る推定量を生じる可能性がある．従って$E[\hat{\beta}'\hat{\beta}]$はとても大きい可能性がある．このような傾向を防ぐため，彼らは次のような制約つき二乗誤差

$$\min_{\beta}\{(y-X\beta)'(y-X\beta)\} \quad s.t. \beta'\beta \leq M$$

を最小にする推定量としてリッジ回帰推定量を与えた．計算の具体的な過程は省略するが，リッジ回帰推定量とは次のような形をしている．

$$\hat{\beta}^R(\lambda) = [X'X + kI]^{-1} X'y$$
$$= (I - [I + \lambda X'X]^{-1})\hat{\beta}$$

（ここで $\lambda = 1/k$ である）直感的には，$X'X$ が特異行列（逆行列をもたない）に近いので，単位行列の定数倍を足すことで，非特異行列の方向に引っ張って，安定化していると解釈することができる．

さてリッジ回帰推定量をベイズ推定量として解釈することも可能である．事前分布として β が多変量正規分布

$$N(0, \lambda\sigma^2 I_p)$$

に従うとすると，リッジ回帰推定量 $\hat{\beta}^R(\lambda)$ がベイズ推定量として得られる．実は 0 でなくても任意の実数ベクトルで定義可能である．このようにベイズ推定量として，リッジ回帰推定量を見ることと，その事前分布の平均を 0 に限定する必要はない，ということが本論文の後半で効いてくることになる．

いずれにしても，リッジ回帰推定量を実際に適用するとき，最大の問題は λ の決め方である．決め方に関して，統計理論的に統一した見解はないが，最適性の基準（たとえば平均二乗誤差）を一つ固定して，それに基づいて決めるのが標準的であると思われる．また事前分布の分散共分散行列が単位行列の定数倍であるのは，自然ではない．というのは，β の各成分の事前分布の精度が同じであることを意味するからである．もちろん β に関する事前の情報が本当に乏しい場合にベイズ流の統計理論を用いる場合，β の各成分が同じ精度（分散）をもっていると仮定して，理論を構築するのは，悪いやり方ではない．しかし現代流の統計学では，非ベイズの最適性の基準（たとえば上に述べたような平均二乗誤差）を満たすような事前分布を探し，それに対するベイズ推定量として用いるというのが，主流の考え方である．そこで本論文では，これらの点を考慮しながら新たなリッジ回帰型ベイズ推定量を提案する．

さて上で言及したベイズ推定量，ベイズ統計学はそれほど標準的な内容ではないため，本題に入る前に解説を与える．ここでは簡単のため，一次元で考える．今 $X_1, \ldots, X_n$ が正規分布

$$N(\theta, \sigma^2)$$

に従うとする．θ に対する自然な推定量は標本平均

$$\bar{X} = (1/n)\sum X_i$$

である．標本平均は回帰分析の設定では，最小二乗推定量に対応することからもわかるように，様々な意味で最適な推定量であることが知られている．通常の統計学では，母平均のようなパラメータは，未知の定数として，データから推測するというのが，暗黙の仮定である．これに対し，ベイズ統計学の設定では，θ は未知の定数ではなく，事前に分布をもっていると想定し（事前分布），得られた標本は，分布を最新の状態に更新するために使われる（事後分布）．推定量は通常，事後分布の期待値として得られる．事後分布やその期待値であるベイズ推定量は，通常陽に表現されないが，標本の分布が正規分布の場合，事前分布も正規性を仮定して

$$\theta \sim N(\mu, \tau^2)$$

とすると，ベイズ推定量は

$$\frac{\frac{n}{\sigma^2}\bar{X} + \frac{1}{\tau^2}\mu}{\frac{n}{\sigma^2} + \frac{1}{\tau^2}} = c\bar{X} + (1-c)\mu, \quad c = \frac{\frac{n}{\sigma^2}}{\frac{n}{\sigma^2} + \frac{1}{\tau^2}}$$

と非常に簡潔に表現される．また標本平均と事前分布の期待値の重みつき平均になっていることから，重み係数 c について以下のような解釈が可能である．重み係数 c はサンプルが十分情報を含めば（$\Leftrightarrow n$ 大，σ^2 小），$c \to 1$ となりベイズ推定量は標本平均 $\bar{X}$ と近く，逆に事前情報が正確であれば（$\Leftrightarrow \tau^2$ 小），$c \to 0$ つまりベイズ推定量は事前分布の平均 μ に近いので非常に自然な係数になっている．ただし σ^2 や τ^2 が未知なので，したがって重み係数 c は未知なのでデータから推定する必要があり，その方法にいくつかの流儀がある．この点はリッジパラメータ λ の選び方に任意性があることにまさに対応している．

さて今一度問題設定の再確認を再確認すると，2つの統計量 $\hat{\beta}$ と S が独立とし，

$$\hat{\beta} = (X'X)^{-1}A'y \sim N(\beta, \sigma^2(X'X)^{-1})$$
$$S/\sigma^2 \sim \chi_n^2 \quad \text{where} \quad S = (y - X\hat{\beta})'(y - X\hat{\beta})$$

に従うとき，β の推定問題を考える．現段階では，期を t 期だけに限定して考えていることに注意されたい．

つぎに β に対するベイズ推定量を構成する．事前分布として，次のような分布を考える．

$$\beta | \eta, \lambda \sim N(0, \eta^{-1}\{\lambda^{-1}d_1 I_p - (X'X)^{-1}\})$$
$$\lambda \sim \lambda^a (1-\lambda)^b I_{(0,1)}(\lambda), \quad \eta \sim \eta^c I_{(0,\infty)}(\eta), \quad \eta = \sigma^{-2}$$

ここで d_1 は，$(X'X)^{-1}$ の最大固有値である．この事前分布で特徴的なことは，β の事前分布が λ によってパラメタライズされており，λ に対してさらに分布が仮定されている，ということである．このような分布を階層型事前分布と呼び，正規分布よりも裾が厚く，この結果よりロバストな推定量を導くことが知られている．また β の分散共分散行列がナイーブなリッジ回帰推定量をベイズ推定量として見た場合，単位行列に比例していたが，ここでは

$$\{\lambda^{-1}d_1 I_p - (X'X)^{-1}\}$$

に比例していることに注意されたい．これにより，β の精度の悪い成分を，より事前情報に近づけ，精度の良い成分をあまり動かさないような調整が可能になっている．

　計算過程は非常に複雑なので結果だけ示すと，ベイズ推定量（事後分布の平均）は，

$$\left(I - \frac{\int_0^1 \lambda^{p/2+a+1}(1-\lambda)^b(1+\lambda w)^{-p/2-n/2-c-2} d\lambda}{\int_0^1 \lambda^{p/2+a}(1-\lambda)^b(1+\lambda w)^{-p/2-n/2-c-2} d\lambda} d_1^{-1}(X'X)^{-1} \right) \hat{\beta}$$

となる．実はこのような積分の比を用いて表現されるような推定量のクラスは，数理統計学の統計的決定理論と呼ばれる分野の研究で非常によく知られている．理論的には推定量が積分を用いて表されていることは，欠点ではないが，応用上は大きな欠点である．過去の研究では理論的な性質のみに注目した研究が蓄積されてきたが，丸山・ストローダーマン（2003）では，理論的に良い性質をもち，かつ簡便な表現をもつ推定量のクラスが存在することを示した．それは，$b = n/2 + c - a - 1$ の場合であり，このとき $(p/2+a+1)/(n/2+c-a)$ を γ とすると，ベイズ推定量の積分の比が

$$\frac{\gamma}{w+\gamma+1}$$

で表すことができる．したがってベイズ推定量は

$$\left(I - \frac{\gamma}{w+\gamma+1} d_1^{-1}(X'X)^{-1} \right) \hat{\beta}$$

（$w = \hat{\beta}'\hat{\beta}/(d_1 S)$）と表現される．事前分布の形から容易にわかるようにリッジ回帰推定量の一般化であり，（多次元なのでやや分かりにくいが，）最小二乗推定量 $\hat{\beta}$ と事前情報の平均値 $\mathbf{0}$ の重み付き平均になっている．重みをつかさどるパラメータ γ が小さい程，$\hat{\beta}$ に近いこともわかる．

つぎに γ の決め方について考える．数理統計学の既存の理論を適用すると，期を固定すれば理論的には容易である．たとえば，二乗誤差

$$(\delta - \beta)'(\delta - \beta)/\sigma^2$$

の意味で良い推定量を導出したいとする．二乗誤差も確率変数であるから，二乗誤差の期待値（一般にリスク関数と呼ばれる．今の場合は平均二乗誤差になる．）$R(\delta, \beta, \sigma^2)$ を小さくする推定量が良いと判断する．丸山・ストローダーマン（2003）で示されたように

$$0 \leq \gamma \leq 2(\sum_{i=1}^{p} d_i^2/d_1^2 - 2)/(n+2)$$

とすると，任意の β，σ^2 について

$$R(\delta_\gamma^{SB}, \beta, \sigma^2) \leq R(\hat{\beta}, \beta, \sigma^2) \quad \forall \beta, \sigma^2$$

となるので，固有値がすべて等しい場合の最適な γ である $(p-2)/(n+2)$ を選ぶのが，一つの可能性である．二乗誤差ではない他の基準

$$(\delta - \beta)'Q(\delta - \beta)/\sigma^2$$

（Q は任意に固定した正定値行列）を用いると，最適な γ は違う値になることに注意されたい．

4.3.4. 滑らかな接続に接続する指数

この項では冒頭に述べたように滑らかに接続する指数を求める．前項の結果からわかるようにリッジ回帰推定量において，事前分布の平均ベクトルを $\mathbf{0}$ に設定したのは本質的ではない．ここでは，滑らかに接続する一つの試案として，一期前の推定量を事前分布の平均ベクトルとして想定する．つまり事前分布を

$$\beta_t | \eta, \lambda \sim N(\hat{\beta}_{t-1}, \eta^{-1}\{\lambda^{-1}d_1 I_p - (X'X)^{-1}\})$$

$$\lambda \sim \lambda^a(1-\lambda)^b I_{(0,1)}(\lambda), \quad \eta \sim \eta^c I_{(0,\infty)}(\eta),$$

$$b = n/2 - a + c - 1,$$

$$\gamma = (p/2 + a + 1)/(n/2 + c - a)$$

とする．また第 $t-1$ 期の回帰係数 β の推定量を $\hat{\beta}_{t-1}$，第 t 期の最小二乗推定量を $\hat{\beta}_{OLS,t}$，残差平方和を S_t とする．したがって，提案するリッジ回帰型ベイズ推定量は

$$\hat{\beta}_t^R = (I-C)\hat{\beta}_{OLS,t} + C\hat{\beta}_{t-1}$$

と表現することができる．ここで $p \times p$ 行列 C_t は

$$C = \frac{\gamma S_t}{(\hat{\beta}_{OLS,t} - \hat{\beta}_{t-1})'(\hat{\beta}_{OLS,t} - \hat{\beta}_{t-1}) + (\gamma+1)d_1 S_t}(X'X)^{-1}$$

これは，結果として離散時間カルマンフィルターに非常に似ている．しかし，厳密にはカルマンフィルターの問題設定，問題意識とは違っていることに注意されたい．

前段落の t 期と $t-1$ 期の関係を用いて，すべての期をつなげると（第1期は，事前分布の平均ベクトル $\mathbf{0}$ のリッジ回帰推定量を用いるとする），第 t 期のリッジ回帰型ベイズ推定量は

$$\hat{\beta}_t^R = (I-C)\hat{\beta}_{OLS,t} + C\hat{\beta}_{t-1}^R, \quad t=2,\cdots$$

ここで $p \times p$ 行列 C_t は

$$C = \frac{\gamma S_t}{(\hat{\beta}_{OLS,t} - \hat{\beta}_{t-1}^R)'(\hat{\beta}_{OLS,t} - \hat{\beta}_{t-1}^R) + (\gamma+1)d_1 S_t}(X'X)^{-1}$$

であることがわかる．

このようにして作成したわれわれの推定量は次のような良い性質をもっている．

1. 事前分布を工夫することにより，多重共線性による弊害を防いでいる．
2. 事前分布の平均を一期前の推定量にすることにより，多次元なのでやや分かりにくいが，一期前の推定量と今期のOLSの重みつき平均になっている．
3. その重みは γ によって調整可能であり，γ が大きい程一期前の推定量に近付く．
4. さらに詳細に検討すると，事前分布の分散共分散行列の選択の仕方を工夫したので，OLSにおいて精度の低いcomponentをより一期前の推定量に近づけ，精度の高いcomponentはあまり近づけない．

最後に，最終目的であるリッジ回帰ヘドニック型価格指数を与える．全 T 期の回帰係数 β の推定量に対して，注目する品質 $x = (x_1,\ldots,x_p)$ を一つ決めて

$$x'\hat{\beta}_1 \to x'\hat{\beta}_2^R \to \ldots \to x'\hat{\beta}_T^R$$

で得られる線形結合の推移がマンション価格の推定値の推移である．また以下のような第一期の価格の推定値との比が指数である．

$$1 \to \frac{x'\hat{\beta}_2^R}{x'\hat{\beta}_1} \to \ldots \to \frac{x'\hat{\beta}_T^R}{x'\hat{\beta}_1}$$

　図 4-3-3，4-3-4 は，上記のリッジ回帰型推定量を用いた指数の推移である．リッジ回帰型指数が構造制約型指数よりも明らかに滑らかに推移しているのがわかる．

　また構造制約型指数のように過度に強い仮定（中古マンション価格生成メカニズムが常に同じ）をおいていないため，より解釈に柔軟性がある指数である．その柔軟性の一つが回帰係数の推移を把握できることである．図の 4-3-5 から 4-3-8 では，主な説明変数（専有面積，都心までの接近性，築後年数，駅までの距離）の回帰係数ベクトルの推移を示す．

　高辻・小野・清水（2002）で指摘されたように，都心までの接近性の回帰係数の変動が非常に大きいことがわかる．これに対して，γ を大きくしていくと，変動が小さく滑らかに推移するようになる．他の3つの説明変数に対する回帰係数はそれほど変動が大きくなく，γ を変化させてもリッジ回帰推定量によってそれほど修正されていないことがわかる．

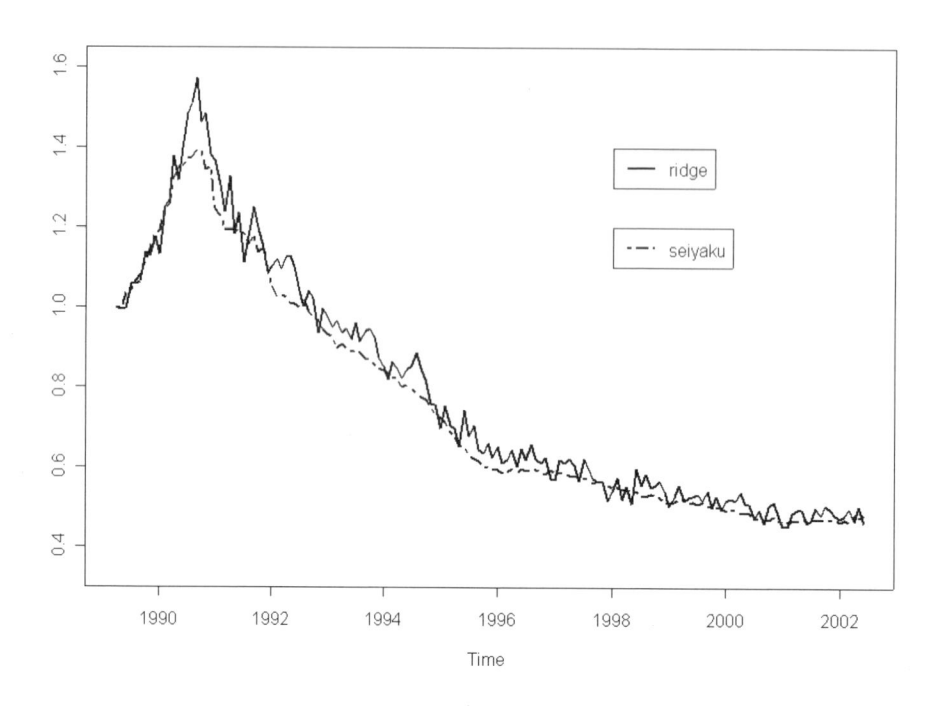

図 4-3-3　リッジ回帰型指数と構造制約型指数

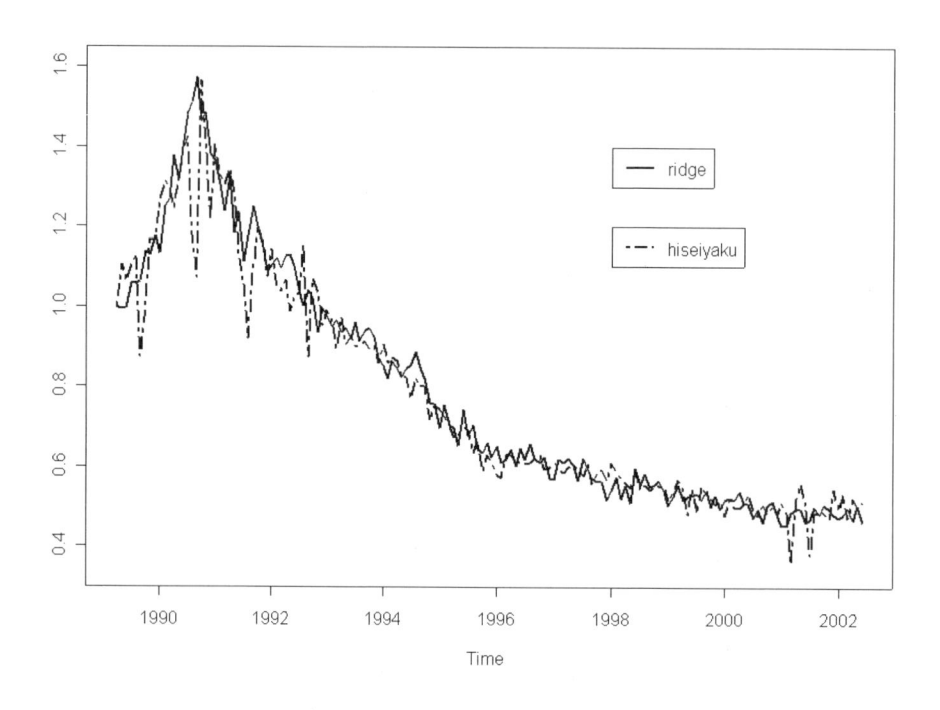

図 4-3-4　リッジ回帰型指数と構造非制約型指数

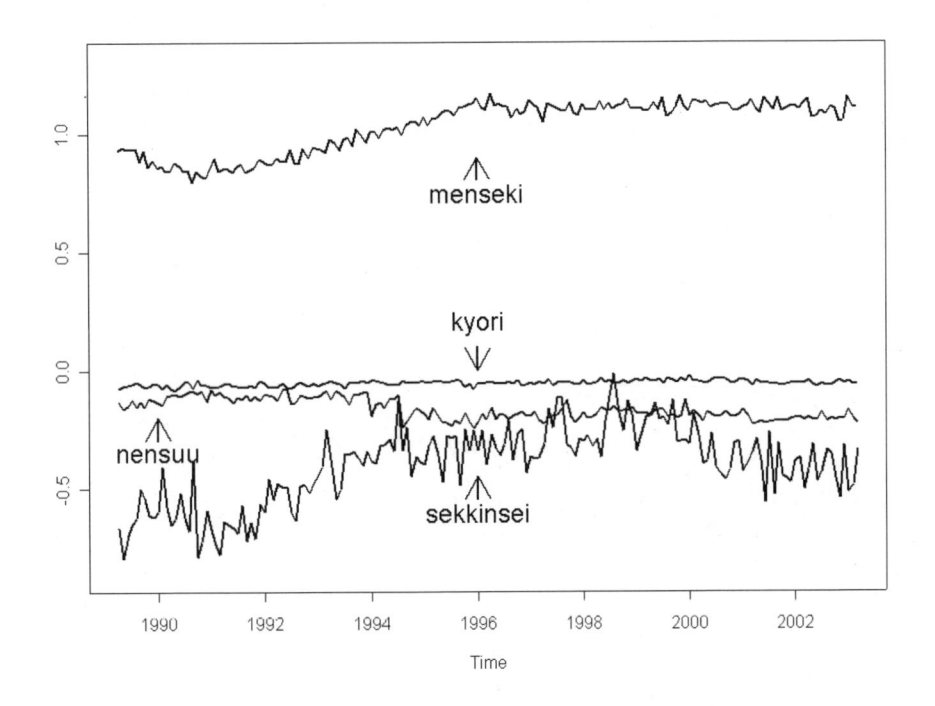

図 4-3-5　主要な回帰係数の推移（$\gamma=0$，つまり OLS の場合）

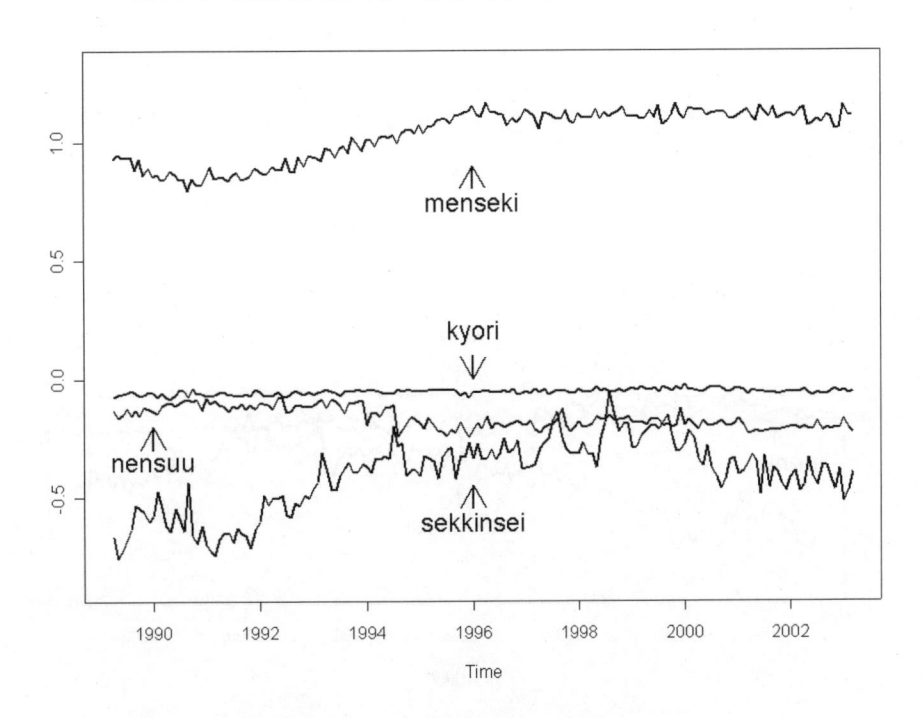

図 4-3-6　主要な回帰係数の推移（$\gamma=1$）

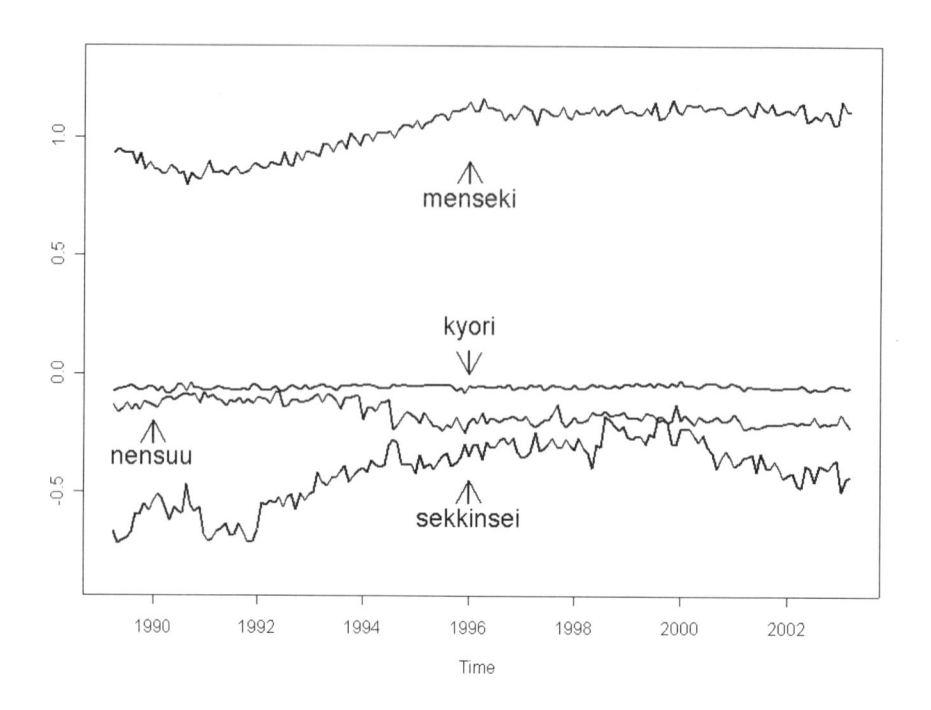

図 4-3-7　主要な回帰係数の推移（$\gamma=100$）

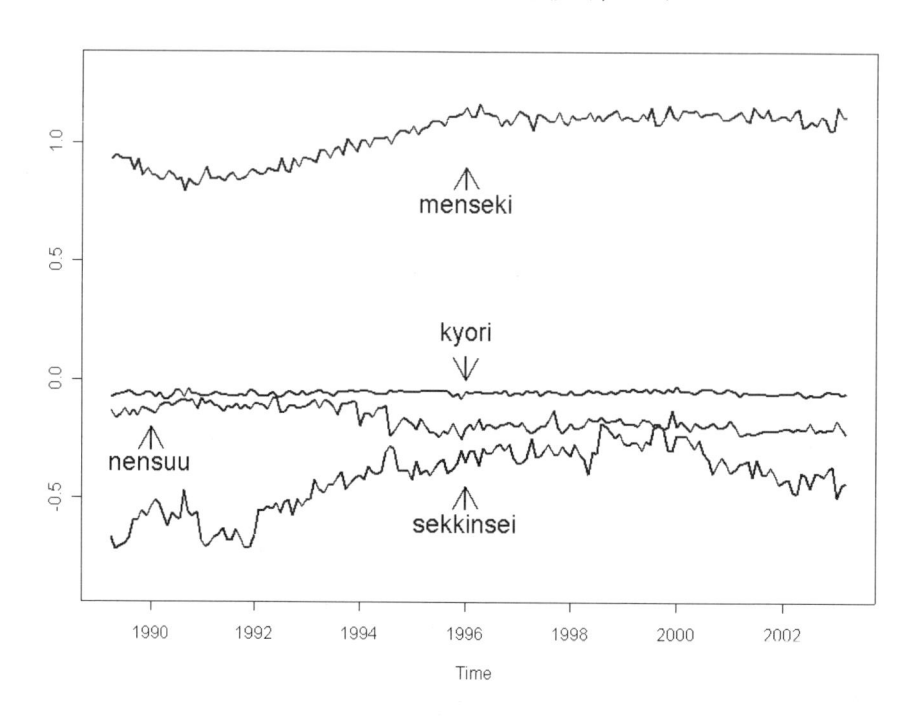

図 4-3-8　主要な回帰係数の推移（$\gamma=1000$）

4.3.5. 今後の課題

以上の理論で，最も難しいのはリッジ回帰推定量の超母数であるγの選択方法である．以下のようにγの大小はトレードオフの関係にある．

1. 各期ごとに最小二乗推定量よりも良くするためには，γは小さい方が良い．(但しγが少々大きくても最小二乗推定量よりも数値的には良いはずであるが．)
2. 指数が滑らかに推移するためにはγが大きい方が良い．

今回は目で見て決めただけであるので，上記のトレードオフを制御するような最適性の基準を考える必要がある．

また住宅価格以外への応用として，消費者物価指数などが考えられる．特にパソコンなどは，技術進化が激しく，結果的に異時点間でスペックの違う商品を比較することになる．実際に作成の段階で，ヘドニック法が使われつつあるようである．

参考文献

高辻秀興, 小野宏哉, 清水千弘（2002），「構造変化のある価格関数を用いた品質調整済住宅価格指数の接続法」，麗澤経済研究，10, 103-134.

小野宏哉, 高辻秀興, 清水千弘（2003），「構造変化を考慮したヘドニック型住宅価格指数の推定」，住宅都市経済，49, 14-23.

丸山祐造, ストローダーマン（2003），「A New Class of Generalized Bayes Minimax Ridge Regression Estimators」，submitted.

Hoerl, A.E. and Kennard, R.W.（1970），「Ridge regression: Biased estimation for nonorthogonal problems」，Technometrics, 12, 55-68.

Sinfonica 研究叢書

空間情報科学のパイオニア
―東京大学空間情報科学研究センターの研究 1998～2003―

平成 16 年 4 月 30 日　発行

定価　1,500 円

著　作　岡部篤行　　宮崎千尋　　有川正俊
　　　　浅見泰司　　柴崎亮介　　八田達夫
　　　　伊藤香織　　瀬崎　薫　　丸山祐造

発　行　財団法人　統計情報研究開発センター
　　　　　　　　　　　　（略称：Sinfonica）
　　　　〒107-0062 東京都港区南青山 6-3-9　大和ビル
　　　　　　　TEL(03)5467-0481　FAX(03)5467-0482

印　刷　昭和情報プロセス株式会社

NO. 11

ISBN4-925079-61-1　C3333　¥1500E